PARACELSUS

IN
SELBSTZEUGNISSEN
UND
BILDDOKUMENTEN

DARGESTELLT
VON
ERNST KAISER

ROWOHLT

Dieser Band wurde eigens für «rowohlts monographien» geschrieben
Den Anhang besorgte der Autor
Herausgeber: Kurt Kusenberg · Redaktion: Beate Möhring
Umschlagentwurf: Werner Rebhuhn
Vorderseite: Paracelsus, ein Jahr vor seinem Tode.
Stich von A. Hirschvogel, 1540 (Rowohlt Archiv)
Rückseite: Die sieben Stufen des «Großen Werkes», umsäumt von den vier Elementen des Aristoteles (Slg. Ernst Kaiser)

Für Peter Mennicken †

1.–15. Tausend	Februar 1969
16.–18. Tausend	Oktober 1973
19.–21. Tausend	Juli 1975
22.–24. Tausend	Oktober 1976

Veröffentlicht im Februar 1969

Gesetzt aus der Linotype-Aldus-Buchschrift
und der Palatino (D. Stempel AG)
Gesamtherstellung Clausen & Bosse, Leck/Schleswig
Printed in Germany
580-ISBN 3 499 50149 X

INHALT

Theophraſtus Paracelſus Medicus.

Vil zeihen mich mit argem wohn/
Als ſolt ein heimlichn Geiſt ich han/
Gottes gab all die kunſt iſt mein
Dem Menſchen zu gut bereit allein.
Starb im Jar. 1 5 4 1.

VORWORT

Das Unterfangen, eine Monographie über eine so polyvalente Persönlichkeit wie Paracelsus zu verfassen, birgt ein ambivalentes Wagnis in sich. Zunächst besteht die Gefahr, daß manches übersehen werden kann und wohl auch vieles, das vielleicht wichtig scheint, übergangen werden muß. Der Paracelsus-Forscher W. Pagel bemerkt dazu: «Das Paracelsische Schriften-Corpus ist ungeheuer groß. Es ist schwer von einem einzelnen zu übersehen und in einem Menschenalter durchzuarbeiten. Das liegt auch an seiner Uneinheitlichkeit... In [ihm] ist das Weltanschauliche mit Naturwissen und Naturgefühl so eng verhaftet wie bei keinem anderen... Heute jedenfalls sind wir auf bewußte oder unbewußte Auswahl angewiesen.»

Daneben ist es von nicht unerheblicher Wichtigkeit, ja Notwendigkeit, die Gesamtpersönlichkeit Paracelsi aus dem Rahmen ihrer Zeit heraus zu verstehen. Diesem Versuch sind daher die beiden ersten Kapitel zugedacht.

EUROPA IM UMBRUCH UND AUFBRUCH

Zur Situation: Aspekte der politischen und geistesgeschichtlichen Entwicklung im 15. und 16. Jahrhundert

Die Zeit, in der Paracelsus lebte und wirkte, war in vielfacher Hinsicht einer tiefgreifenden Wandlung und Neuorientierung im Denken und Empfinden der abendländischen Menschheit unterworfen. Im Verlauf dieser kulturhistorisch bedeutsamen Wende, die mit den Begriffen Renaissance und Humanismus gekennzeichnet wird, vollzieht sich allmählich die Auflösung der einheitlichen und geschlossenen Lebens*ordnung* des voraufgegangenen Mittelalters. An ihre Stelle tritt ein völlig neuartiges, alle Seinsbereiche unmittelbar durchdringendes Lebens*gefühl*, das zu einer neuen Konzeption vom Menschen und seiner individuellen Kraft in dieser Welt führte.

Dem Umbruch innerhalb der politischen und geistigen Landschaft jener Epoche waren schon Jahrhunderte zuvor vielfältige Auseinandersetzungen zwischen den beherrschenden Mächten des Mittelalters – dem Kaisertum und dem Papsttum – vorangegangen. Die universale Idee der unauflösbaren Symbiose von Kaiser und Kirche begann dadurch mehr und mehr zu verblassen, wodurch das Parallelogramm der Kräfte zwischen weltlicher und geistlicher Gewalt in zunehmendem Maße an Stabilität verlor, um schließlich im Ringen um die Hegemonie im europäischen Raum endgültig auseinander zu brechen. Damit war die wichtigste Lebensader des mittelalterlichen Ordnungsgefüges durchtrennt.

Die Anfänge dieser Entwicklung reichen weit zurück. Bereits im 11. Jahrhundert kam es zwischen Heinrich IV. und Gregor VII. zum sogenannten Investiturstreit, wobei es um das Mitspracherecht des Kaisers bei der Berufung und Einsetzung geistlicher Würdenträger ging. Der Konflikt endete erst nach fünfzigjähriger Dauer mit den Beschlüssen des Wormser Konkordats (1122).

Der Souverän gestand der päpstlichen Kurie zwar das Recht der «ganzen Investitur durch Ring und Stab» zu, handelte sich hierfür aber das Mitspracherecht bei der Inthronisation der Bischöfe innerhalb seines Herrschaftsbereichs ein. Damit war der Vorstoß Roms, seinen Einfluß auf die politischen Geschicke der Christenheit weiter auszudehnen, zunächst gescheitert.

Unter dem Regnum Friedrichs II. flammte der Machtkampf mit dem inzwischen wiedererstarkten Papsttum erneut auf. Höhepunkt der Streitigkeiten war fraglos das Konzil von Lyon (1245), das den Kaiser kurzerhand für abgesetzt erklärte. Mit dem Tode Friedrichs (1250) trat kurze Zeit später das staufische Geschlecht von der weltpolitischen Bühne ab. Rom hatte einstweilen über das kaiserliche Imperium den Sieg davongetragen.

Die Achse der mittelalterlichen Welt war damit aber endgültig gebrochen. Die Idee vom «Heiligen Römischen Reich Deutscher Nation» hatte ihre Grundlage und dadurch ihren Sinn verloren. Da beide, Kaiser und Papst, voneinander abfielen, verfiel gleichzeitig ihr Auftrag vor Gott und der Geschichte, die abendländische Christenheit gemeinsam zu führen und ihre Einheit zu bewahren.

Doch die neuerworbene Vormachtstellung der römischen Kurie sollte nicht lange andauern. Eine andere europäische Macht schickte sich an, sie zu unterhöhlen: Frankreich – bisher am Rande der universalpolitischen Szenerie gelegen. Unter seinem tatkräftigen König Philipp mit dem Beinamen «der Schöne» trat die Kirche ihren schweren Weg in die «babylonische Gefangenschaft» an (1309). Der Papst wurde gezwungen, nach Avignon an der Rhône überzusiedeln, wo er und seine Nachfolger rund 70 Jahre im Exil residieren sollten. Die «Libertas ecclesiae» hatte vorerst aufgehört zu existieren; das geistliche Oberhaupt der Christenheit war dem französischen Einflußbereich unterstellt.

Diese Vorgänge waren weit über ihren kirchen- und machtpolitischen Rahmen hinaus kennzeichnend für den allmählichen Durchbruch neuer staatspolitischer Ideen. Die Völker des Westens wurden sich in zunehmendem Maße ihrer nationalen Eigenarten bewußt. Starke nationale Strömungen kamen auf. Der Ruf nach Autonomie, nach der Zurückweisung jedweden Einspruchs von außen wurde zusehends vernehmlicher.

Vor allem in Frankreich brach sich diese fortschrittliche Konzeption nach der Beendigung des Hundertjährigen Krieges mit England ungestüm ihre Bahn. Der glanzvolle Sieg über die Engländer – nicht zuletzt das Verdienst der Jeanne d'Arc – hatte nahezu die gesamten englischen Gebiete auf französischem Boden dem Hause Valois wieder zugeführt. Damit war um die Mitte des 15. Jahrhunderts der Weg frei, der im Laufe der Entwicklung zum nationalen Einheitsstaat führen sollte.

Dem Vorbild Frankreichs folgten bald schon andere europäische Staaten. Spanien, das durch die Heirat König Ferdinands von Aragón mit Isabella von Kastilien einen wesentlichen Zuwachs seines Machtpotentials erfahren hatte, befreite sein Territorium schon bald darauf durch die Eroberung Granadas von dem Rest maurischer Herrschaft auf der iberischen Halbinsel (1492).

Auch England begründete seine nationale Stellung innerhalb der europäischen Staatenwelt und festigte sie nach allen Seiten hin. Nach den Wirren der «Rosenkriege», die das Land stark in Mitleidenschaft gezogen hatten, erlebte es seit der Wahl Heinrichs VII. aus dem Hause Tudor einen raschen Aufschwung von Handel und Gewerbe durch das aufstrebende Bürgertum. Der Souverän regierte sein Volk nahezu unabhängig vom Parlament, wodurch die englische Monarchie schon verhältnismäßig früh einen absolutistischen Charakter erhielt.

So hatten am Ende des Mittelalters diese Völker den im Grunde fortschrittsfeindlichen Feudalismus weitgehend überwunden. Die Neuordnung des jeweiligen Staatswesens und die damit verbundene Konzentrierung der Staatsgewalt in der Person des Herrschers war das Signum einer sich latent vorbereitenden Machtauslese im europäischen Raum. Ernsthafte Rivalitäten um die Hegemonie kamen jeweils dann auf, wenn sich die innerpolitischen Verhältnisse so weit stabilisiert hatten, daß man eine Expansion des Machtbereichs über die bisherigen Grenzen hinaus ins Auge fassen konnte.

Diese allgemeine Entwicklung war vor den Grenzen des deutschen Reiches natürlich nicht stehengeblieben. Nach dem Ende der Staufer war das Land praktisch ohne Führung. Die Männer, welche die Königskrone trugen, waren den schweren Aufgaben, die auf sie warteten, in keiner Weise gewachsen. So verfielen Ruhe und Ordnung im Land immer mehr, bis unter dem Druck der allgemeinen Not die Kurfürsten zusammentraten und den Grafen Rudolf von Habsburg zu ihrem neuen Herrscher wählten. Unter seiner Regierung gewann das deutsche Königtum allmählich wieder an Gewicht und Ansehen, sowohl im Reich als auch bei den europäischen Nationen.

Doch erst in Karl IV. aus dem Hause Luxemburg fand es um die Mitte des 14. Jahrhunderts jene Persönlichkeit, die dazu befähigt war, den verfallenden Reichsgedanken von Grund auf neu zu beleben und politisch zu stärken. Im Jahre 1356 erließ er die «Goldene Bulle», ein Dekret, worin in klarer Form die Rechte des Kaisers auf der einen Seite der Macht und die der Kurfürsten auf ihrer anderen Seite verfassungsmäßig niedergelegt und abgegrenzt wurden. Damit hatte sich das machtpolitische Gleichgewicht in Deutschland von neuem wieder eingependelt.

Nachdem Ordnung und Sicherheit im Innern wiederhergestellt und auch die vielgestaltigen außenpolitischen Interessen einstweilen ihre Regelung gefunden hatten, konnte sich der Kaiser nunmehr in stärkerem Maße als bisher den wirtschaftlichen Belangen seines Landes widmen. Unter der glücklichen Hand dieses «Königlichen Kaufmanns» hatte sich der in Agonie liegende Staatshaushalt und parallel damit die Wirtschaft zusehends gebessert und erholt. Der Handel blühte wieder auf und die Deutsche Hanse, ein Interessenbund von Fernkaufleuten, erlebte in jenen Tagen ihre glanzvolle Zeit. Ihre hochbordigen Segelschiffe, Koggen genannt, transportierten gewerbliche Fertigwaren in aller Herren Länder und tauschten sie vornehmlich gegen Rohstoffe des Ostens ein.

Trotz dieser Erfolge in Politik und Wirtschaft geriet das Reich nach dem Tode Karls IV. (1378) erneut in eine schwere und langandauernde Krise. Die Ursachen hierfür waren mannigfacher Art: vor allem die sich immer mehr verschärfenden Spannungen zwischen den Fürsten, Rittern und Städten, die sich mit- und untereinander erbittert befehdeten.

Die Städte waren durch Handel und Gewerbe zu einem beachtlichen Reichtum gekommen und suchten ihn durch eine kluge Geldwirtschaft zu vermehren. Die Landesfürsten, immer bedacht auf Ausbau und Vergrößerung ihrer territorialen Gewalt, griffen jetzt auch die Reichsunmittelbarkeit der freien Städte an, suchten sie von der Krone loszulösen und ihrer eigenen Macht zu unterstellen. Die Städte schlossen sich daher zu Schutz- und Trutzbündnissen von beachtlicher militärischer Stärke zusammen, um sich dem ungerechtfertigten Zugriff der Fürsten zu entziehen. So kam es vielerorts zu schweren Kämpfen. Zwar versuchte der Kaiser vermittelnd einzugreifen, doch war seine Position, vornehmlich unter den Nachfolgern Karls IV., so geschwächt, daß keine wesentliche Entspannung erreicht werden konnte. Hinzu kam, daß um den rechtmäßigen Anspruch auf die deutsche Königskrone, die ihrem Träger zugleich auch die Kaiserwürde verlieh, innerhalb des Hauses Luxemburg ein heftiger Streit ausgetragen wurde, der schließlich dazu führte, daß den verwirrten und verärgerten Untertanen im Jahre 1410 gleich d r e i Könige beschert wurden. Hierdurch verlor der Gedanke einer zentralen und obersten Institution, wie sie von der Krone seit jeher beansprucht worden war, bei den streitenden Parteien in zunehmendem Maße an Glaubwürdigkeit.

Die allgemeine Lage verwirrte sich vollends durch das verhängnisvolle Schisma zwischen Rom und Avignon, das erneut eine drohende Spaltung der Christenheit heraufbeschwor und somit auch die deutschen Reichsinteressen unmittelbar berührte.

Erst unter König Sigismund wurde die Ordnung im Lande einigermaßen wiederhergestellt und die unselige Kirchenspaltung auf dem Konzil von Konstanz endgültig beigelegt (1414–18). Aus dieser «Causa unionis» erwuchs das Bedürfnis nach der «Causa reformatoris»: Die Kirche sollte «an Haupt und Gliedern» – so die Forderung – erneuert werden. Papst und Klerus waren hierzu aufgerufen.

Als Letztes fiel dem Konzil die Aufgabe zu, eine Reihe von Glaubenssätzen, die «Causa fidei», zu verteidigen. Sie waren durch den Rektor der Prager Universität, Jan Hus, in Frage gestellt worden. Hus wurde vor das Konzil geladen und angehört, dann aber trotz des kaiserlichen Geleitbriefs als Ketzer verurteilt und 1415 auf dem Scheiterhaufen verbrannt. Die Folge dieses Wortbruchs waren die blutigen Hussitenkriege, die in Böhmen ihren Anfang nahmen und bis an die Ostsee und Weser die Nachbarländer verwüsteten. In ihren Zielen verbanden sich sowohl kirchliche und soziale als auch nationalistische Forderungen der tschechischen Stadt- und Landbevölkerung zu einem unlösbaren Geflecht.

Das dreizehn Jahre nach Beendigung des Konstanzer Konzils einberufene Basler Konzil suchte in langwierigen Verhandlungen die noch offenstehenden Probleme, vor allem die dringend notwendige Kirchenreform, in Angriff zu nehmen. Doch blieb es einstweilen bei dem Versuch. Man begnügte sich vorab damit, Konkordate mit den einzelnen Fürsten abzuschließen, um auf deren Territorien, die dem Einflußbereich des Kaisers nur noch indirekt unterstanden, die Interessen der Kirche zu sichern.

Unterdessen war die Unsicherheit im Reich erneut stark angewachsen. Zwar hatte der Kaiser durch seine kluge Leitung der beiden Konzilien bei den Völkern Europas noch einmal an Ansehen gewonnen – war er doch nicht zuletzt als glaubwürdiger Sachwalter der gesam-

Kaiser Karl V. Gemälde von Christoph Amberger (Ausschnitt). Ehemals Staatliche Sammlungen, Berlin

ten Christenheit aufgetreten. Doch schwand seine Autorität im Innern des Reiches immer mehr. Die Rivalitäten und Interessengegensätze der Mächtigen und Starken im Lande erwiesen sich letztlich allen Landesfriedensgesetzen der kaiserlichen Obrigkeit zum Trotz als stärker.

Nikolaus von Kues, der den Lauf der Dinge aus der Nähe miterlebte, bemerkt hierzu, daß «eine tödliche Krankheit das deutsche Reich befallen hat, der der Tod folgt, wenn ihr nicht ... begegnet wird. Fremde werden unsere Gebiete einnehmen und unter sich aufteilen, und so werden wir schließlich einer anderen Nation unterworfen werden.»[1]*

---

* Die hochgestellten Ziffern verweisen auf die Anmerkungen S. 135 f.

Kaiser Maximilian I. Kohlezeichnung von Albrecht Dürer, 1518. Graphische Sammlung Albertina, Wien

Dieses Schicksal blieb dem deutschen Reich zwar erspart, doch mußte es eine Reihe von schweren Niederlagen hinnehmen. In der glücklosen Regierungszeit Friedrichs III., des letzten in Rom gekrönten Kaisers, fiel Konstantinopel 1453 in die Hände der Türken, ohne daß der Kaiser den ernsthaften Versuch unternommen hätte, diese wichtige christliche Bastion im östlichen Teil des Abendlandes zu verteidigen. Immerhin bereitete sich während dieser Zeit der Aufstieg des Hauses Österreich vor. Das Buchstabenspiel A E I O U – «Alles Erdreich ist Oesterreich untertan» –, das der vorausblickende Friedrich erfunden hatte, bekam bald im weltpolitischen Geschehen eine nicht zu übersehende Aktualität.

Sein Sohn Maximilian, später auch «der letzte Ritter» genannt, ging mit Umsicht daran, die Bindung der österreichischen Stammlande an die von ihm erheirateten burgundischen Lande zu festigen. Damit das Reich nicht einer völligen Auflösung entgegentrieb, berief er einen Reichstag ein, der in Worms 1495 zusammentrat. Wichtigstes Ergebnis dieses Versuchs einer durchgreifenden Reichsreform war die Einsetzung des «Reichskammergerichts» als einen obersten, nahezu unabhängigen Gerichtshof, wodurch der allgemeine Landfriede wiederhergestellt werden sollte. Andere Beschlüsse des Reichstages, etwa die Erhebung einer allgemeinen Reichssteuer oder die Forderung nach einem «Ewigen Landfrieden», blieben größtenteils nur ein Stück Papier.

Als Maximilian 1519 starb, war das Reich im Grunde so schwach wie vordem. Die Landesfürsten dachten nach wie vor nicht daran, ihre partikularistische Politik aufzugeben. Und daran scheiterten schließlich alle außenpolitischen Vorhaben, da der König kein Reichsheer mehr besaß wie ehedem, sondern sich nur noch auf eine Hausmacht stützen konnte. Der Fall Konstantinopels hatte diese Veränderung des innerpolitischen Machtgefüges für jedermann deutlich werden lassen.

Mit dem Regierungsantritt Karls V., dem Enkel und Erben Maximilians, rückte der nie ganz aufgegebene Gedanke einer Universalmonarchie, ergänzt und unterstützt von der universalen Römischen Kirche, wieder in greifbare Nähe. In einer Ära, die erfüllt war von politischen, geistigen und sozialen Umwälzungen und Neugruppierungen suchte diese tragische Herrscherpersönlichkeit unbeirrbar dem deutschen Kaisertum die angestammte Geltung und Würde noch einmal – zum letztenmal – wiederzugeben. Am Ende dieses langen und überaus mühevollen Weges stand ein gewaltiges Imperium, das sich weit über seine ursprünglichen Grenzen hinaus ausgedehnt hatte – ein Weltreich schließlich, in dem die Sonne nie unterging.

Während das Reich unaufhaltsam dem Höhepunkt der Macht zustrebte und dabei seinen Einflußbereich immer mehr vergrößerte, wurde es zur selben Zeit von inneren Spannungen und Auseinandersetzungen so schwer und nachhaltig erschüttert, daß es wenige Jahrzehnte später an den irreparablen Folgen auseinanderbrechen sollte. Was war geschehen?

Parallel zu den politischen Ereignissen, die schließlich zur Festigung des europäischen Staatensystems führten, vollzog sich allmählich eine Umgestaltung und Neuorientierung des abendländischen Kulturbewußtseins, das auch die politischen Entscheidungen immer fühlbarer beeinflußte. Dieser Wandel wuchs sich allmählich zu einer umfassenden geistigen Krisis aus, die das Leben der Menschen in allen seinen Gegebenheiten und Äußerungen durchdrang und entscheidend veränderte.

Den eigentlichen Durchbruch dieser Krisis und ihre endgültige Auslösung im 15. und 16. Jahrhundert verursachten vier Ereignisse, die das neue Zeitalter einleiteten und sein Gesicht im wesentlichen bestimmten:

1. die Erfindung des Buchdrucks;
2. das Aufblühen der Renaissance und des Humanismus;
3. der Ausbruch der Reformation;
4. die geographischen Entdeckungen der Portugiesen und Spanier.

Die Kunst, mit beweglichen Lettern in kurzer Zeit relativ große Mengen von Büchern zu drucken, wurde in der ersten Hälfte des 15. Jahrhunderts erfunden. Sie erwies sich in der Folgezeit als unerläßliches Hilfsmittel, ja, sie war die eigentliche «technische» Voraussetzung für eine rasche Verbreitung des neuen Ideengutes. Mit wachsender Zahl der Bücher nahmen auch die vielfältigen Kommunikationsmöglichkeiten der geistig interessierten Menschen sprunghaft zu. Ohne die Erfindung des Buchdrucks wäre die Beweglichkeit und Bewegung der Gedanken sowie ihre unverfälschte Fixierung und Übermittlung nahezu unmöglich gewesen. Dies zeigt sich besonders sinnfällig, wenn wir die vielfältigen und vielschichtigen Bedingungen untersuchen, die der Renaissance und dem Humanismus zugrunde lagen.

Der Begriff «Renaissance», abgeleitet von dem italienischen «Rinascimento» («Wiedergeburt»), taucht, im heutigen Sprachgebrauch erst um die Mitte des 18. Jahrhunderts, unter anderem bei Voltaire auf. Mit diesem Terminus verband sich vor allem seit Jacob Burckhardt die Vorstellung von einer geistigen Wiedererweckung des griechischen und römischen Altertums sowie der damit verbundenen Entdeckung des Menschen, seiner unabweisbaren Individualität und Persönlichkeit.

Mit dem Fortgang der historischen Forschungen zeigte sich, daß diese Konzeption zweifellos wesentliche Elemente jener Kulturepoche veranschaulicht. Es ließ sich jedoch erkennen, daß sich damit allein weder ihr wirklicher Inhalt ausschöpfen ließ, noch ihre mannigfachen Ursprünge hinreichend erklärt werden konnten. Vielmehr neigt man heute zu der Ansicht, daß die eigentlichen Wurzeln der Renaissance in der mittelalterlichen Kultur zu suchen sind. Man deutet darauf hin, daß die Renaissance manche echt-mittelalterliche Züge aufweist, was wiederum die Frage aufwirft, ob sie nicht der voraufgegangenen Geistesepoche im Grunde näher stand als der neuen Zeit, die sie ankündigte und einleitete. Diese kritische Betrachtungsweise soll keineswegs die überragenden Verdienste des «Rinascimento» schmälern. Sie macht hingegen deutlich, daß das Mittelalter und damit die scholastische Gedankenwelt mehr für das Fortschreiten des menschlichen Geistes und somit auch der Wissenschaften geleistet hat, als vor noch nicht allzu langer Zeit angenommen wurde.

Das Weltgebäude des Mittelalters war von dem ernsthaften Versuch getragen, den christlichen Glauben mit der menschlichen Vernunft in Übereinstimmung zu bringen. Die Theologie suchte daher die geistige Auseinandersetzung mit den heidnischen Philosophen der griechischen Antike, wobei sie in Denkbereiche vordrang, die ihr zunächst wesensfremd sein mußten.

Es war daher eine der größten Leistungen europäischer Geistesgeschichte, als die Scholastik es unternahm, aus dem dialektischen Dialog heraus – vornehmlich mit den Werken des Aristoteles – ein geschlossenes System des Denkens zu entwickeln, das mit allen seinen immanenten Vorzügen und Fehlern über Jahrhunderte hinweg für die abendländische Geisteswelt verbindlich sein sollte.

Ihrer Zielsetzung nach beruhte die scholastische Methode primär nicht auf einer unmittelbar zugänglichen Erfahrung, was vor allem einer kontinuierlichen Entwicklung und Entfaltung der Naturwissenschaften hinderlich war. Der Scholastiker stützte sich vielmehr auf die überlieferten Schriften der Alten, der Kirchenväter und Kirchenlehrer, die für ihn fast absolute Autoritäten waren. Diese Autoritätsgläubigkeit wurde später dann von vielen Humanisten zum Anlaß genommen, die Scholastik als fortschrittsfeindlich zu verurteilen. Auch Paracelsus schloß sich dieser Haltung an. Dabei wurde übersehen, daß innerhalb dieser Wissenschaftsrichtung auch viele fördernde Kräfte am Werke waren, die vor allem den aufgeschlosseneren Universitätskreisen entstammten.

Im Jahre 1348 wurde in Prag die erste Universität im deutschen Sprachraum errichtet. Weitere Gründungen folgten unter anderem in Wien (1365) und Heidelberg (1386); dadurch erhielt das geistige Leben im deutschen Reich neue Impulse und Akzente. Die Wissenschaftsideale, die auf diesen Hohen Schulen vermittelt wurden, sind in den umfangreichen «Summen» der mittelalterlichen Theologen und Philosophen niedergelegt, die das gesamte Wissen ihrer Zeit zu erfassen suchten.

Im Verlauf des 15. Jahrhunderts entwickelten sich die meisten europäischen Universitäten zu Kristallisationszentren des Humanismus. Wie die Renaissance war auch der Humanismus ursprünglich von Italien ausgegangen. An seinem Anfang steht Italiens größter Dichter, Dante Alighieri (1265–1321). Seine «Göttliche Komödie», eine letzte, umfassende, sinnbildliche Darstellung des versinkenden christlichen Weltbildes mittelalterlicher Prägung, kündigt bereits das Heraufdämmern eines neuen Zeitalters an.

Der erste bedeutende Vertreter des italienischen Humanismus war Francesco Petrarca (1304–74), ein glühender Verehrer der griechischen und römischen Antike und ihrer Ideale. An einen byzantinischen Freund sandte der Dichter die Zeilen: «Von den fernsten Grenzen Europas hast Du mir ein Geschenk gesandt ... den Homer – nicht gewaltsam in das Bett einer fremden Sprache gedrängt, sondern rein und ursprünglich, wie das Werk ... dem Geist seines Schöpfers entsprang ... Oft umfasse ich das Buch und sage mit Sehnsucht: O Du Großer, wie begehre ich Dich zu hören!» In diesen Worten finden wir einen der wesentlichen Kerngedanken des «Rinascimento» besonders deutlich hervorgerückt: die Forderung, zu den Ursprüngen der antiken – griechischen und lateinischen – Sprache zurückzukehren und sich nicht mit den ihren Sinngehalt entstellenden Übersetzungen zu begnügen. Durch seine Verehrung der heidnischen Gedankenwelt geriet Petrarca bald schon mit seiner Gehorsamspflicht gegenüber der christlichen Lehre in einen anhaltenden Konflikt. Dieser innere Kampf um eine halbwegs säkularisierte Weltanschauung war kennzeichnend für die meisten humanistischen Geister bis hin zu Erasmus von Rotterdam und Paracelsus.

Neben der intensiven Beschäftigung mit den ehrwürdigen Schriften der Alten lebte in Petrarca ein starkes Gegenwartsgefühl, das in einem stolzen nationalen Empfinden zum Ausdruck kam. Von Aachen aus schrieb er 1333 an den Kardinal Colonna: «Wenn ich auch allenthalben viel Großartiges gesehen habe, reut mich doch nicht mein italienischer Ursprung. Ja, wenn ich die Wahrheit gestehen soll, je weiter ich umherkomme, desto größer wird in mir die Bewunderung für italienisches Land. Wenn Platon den Göttern ... unter vielem anderen dafür dankte, daß sie ihn als Griechen und nicht als Fremdgeborenen erschaffen hätten, was hindert dann uns, ebendafür Dank zu sagen und damit Gott als Urheber unseres Seins anzuerkennen?»

Mit Lorenzo Valla (um 1407–57) trat der Humanismus in sein entscheidendes Stadium ein. War er vorher eine mehr literarische Bewegung, so wurde er von nun an zu einem wissenschaftlichen Instrument philologisch-historischer Kritik.

In dieser Form kam er nach Deutschland, wo ihm einer seiner genialsten Denker den Weg freimachte: Nikolaus von Kues (1401 bis 1464). Durch ihn erfuhr der Humanismus italienischer Prägung jedoch eine bestimmte Verschiebung der Akzente. Was der Theologe und philosophisch sowie naturwissenschaftlich hochgebildete Gelehrte anstrebte, war eine Synthese zwischen dem Nominalismus vorwiegend Ockhamscher Ausformung, humanistischen Wissenschafts- und Bildungsidealen und einer von Grund auf erneuerten Mystik.

Der Nominalismus war eine in der Scholastik ausgebildete philosophische Lehre, die zumindest in ihrer frühen Form der Theologie schwer zu schaffen gemacht hatte, indem sie unter anderem die göttliche Trinität in Zweifel zog (Roscellinus). Daher wurden ihre Vertreter von der Kirche vielerorts bekämpft und unterdrückt.

Doch inzwischen hatten sich die Anschauungen gewandelt. Dieser Wandel vollzog sich in der Spätscholastik und ist mit den Namen Roger Bacon (um 1214–1294), Johannes Duns Scotus (1266–1308) und Wilhelm von Ockham (vor 1300–1349) eng verbunden.

Vor allem Ockham wagte mit der Erneuerung dieses Wissenschaftssystems einen Angriff auf die philosophisch-theologischen Grundlagen der Scholastik. In seinen Überlegungen ging er davon aus, daß nur die Einzeldinge in dieser Welt die Wirklichkeit darstellen. Die ihnen zugrunde liegenden Allgemeinbegriffe hingegen haben ihre Existenz ausschließlich im denkenden Geist des Menschen. Sie sind Gedankenkonzeptionen – Hilfskonstruktionen des Verstandes, denen außerhalb unseres Denkens keine Realität zukommt und deren Geltung lediglich in der Setzung von Namen (nomina) besteht. Die Wichtigkeit dieser philosophischen Lehre und der von ihr entwickelten Methode besteht darin, daß sie für die folgenden Generationen von Gelehrten die Erfahrung zur Grundvoraussetzung einer induktiven

Erforschung der Natur erhob. Damit ist auch jene «Erfahrenheit» gemeint, die Paracelsus rund 200 Jahre später so beschreibt: *alein die erfarenheit bleibt in der warheit, und was eigne sinn speculiret, das mag nit bestehen. dan was die natur in ir hat, das muß durch den gegenwurf den sie gibt gelernt werden und on den selbigen mag nichts aus dem schaz der natur gezogen werden.*[2]

Das zweite Element der wissenschaftlichen Synthese des Kusaners, der Humanismus, war für ihn der Ausgangspunkt dafür, griechisch-philosophisches Gedankengut im Rahmen dieser Synthese zur Geltung zu bringen. Unter anderem wendete er sich intensiv den Studien der Schriften Platons zu, obgleich der Nominalismus der Platonischen Anschauung von der Wirklichkeit der Ideen entgegensteht, da dieser ja nur den Dingen eine reale Existenz zuerkennt.

Nikolaus von Kues machte nun den Versuch, beide – Nominalismus und Platonismus – dadurch in Einklang zu bringen, daß er in platonischer Weise das Denken bis an seine Ursprünge zurückverfolgt, bis dorthin, wo die Begriffe, welcher Gehalt ihnen auch immer gegeben werden mag, ihre Herkunft und Entstehung aus dem Überbegrifflichen offenbaren. Damit aber weist er dem Denken einen Standort zu, von wo aus es die Gegensätze nun nicht mehr als diametrale Pole erblickt, sondern sie im Vorgang des Entstehens aus ihrer ursprünglichen, übergeordneten Einheit heraus begreift. Diese Einheit ist für den Kusaner zugleich der Urgrund allen Seins, nämlich Gott. In ihm fallen alle Gegensätze zusammen («Coincidentia oppositorum»): «Es gibt nur eine Wahrheit, denn es gibt nur eine Einheit. Und Wahrheit und Einheit fallen zusammen ...»[3] Dadurch überwindet er den Agnostizismus Ockhams – also die Leugnung der prinzipiellen Erkennbarkeit eines absoluten Seins – und erschließt zugleich der Theologie neue Bereiche. Da wir Gott in seiner Unendlichkeit mit unserem begrenzten Intellekt nicht erkennen, sondern sein Wesen nur ahnen können, bleibt einzig der Weg der Mystik, des mystischen Erlebens des einzelnen, um Gott nahe zu sein: «Weil ich kein Wissen habe, bete ich an.»[4] Dies ist der Kernsatz seines Traktats «De docta ignorantia» («Von der gelehrten Unwissenheit»), worin er die metaphysische Seite der Gottesgelehrsamkeit eindrucksvoll darlegt.

Der Höhepunkt des deutschen Humanismus ist ohne Zweifel in der Gestalt des Desiderius Erasmus von Rotterdam (um 1465–1536) zu sehen. Paracelsus ist ihm 1527 in Basel begegnet. Berühmt wurde Erasmus durch sein Bemühen, das Christentum aus dem Geist der Antike heraus mit neuem Leben zu erfüllen. Um dieses Ziel verwirklichen zu können, kritisiert er seine Zeit mit ernsten, aber auch spöttischen Worten. Nichts entgeht seinem Scharfblick. So beschreibt er sarkastisch die Zustände in einzelnen Wissenschaftsdisziplinen, wobei er wohl absichtlich ein wenig übertreibt, um seiner Mitwelt den untrüglichen Spiegel vorzuhalten: «Wie wenig Sicherheit bei [den Philosophen] ist, ergibt sich deutlich aus dem unentwirrbaren Meinungsstreit, der unter ihnen über die einzelnen Dinge herrscht. Sie wissen rein gar nichts und tragen ihre Allwissenheit zur Schau. Sie kennen sich selbst nicht und bemerken in ihrer Kurzsichtigkeit oder Geistesabwesenheit nicht den Graben oder Stein vor ihren Füßen, preisen aber ihre Einsicht in Ideen, Universalien, Einzelwesen, Urstoffe, Wesensfragen, Gestaltfragen und Entwicklungsfragen an, für alle derart unerhebliche Dinge, daß kein Lynkeus sie wahrnehmen könnte. Mit Verachtung sehen sie auf das gemeine Volk herab... und umnebeln den unerfahrenen Geist. – Die Theologen... sonnen sich in ihrer Eigenliebe wie im dritten Himmel und blicken aus ihrer erhabenen Höhe voll Verachtung und Mitleid auf alle anderen Sterblichen wie auf schleichendes Gewürm herab. Sie verschanzen sich mächtig hinter ihren lehrhaften Definitionen, Schlüssen, Folgesätzen, einfachen und verwickelten Vordersätzen und sind... wenig um Ausflüchte verlegen... So viel mühselige Bildung ist zu allen diesen Dingen erforderlich, daß die Apostel wohl einen andern Geist brauchten, wenn sie darüber mit dem neuen Theologenstand disputieren wollten...»[5]

Ein bezeichnendes Licht auf die damaligen Zustände wirft seine Kritik an den Ärzten: «Der Arzt allein nimmt es nach einem Worte Homers mit vielen anderen auf. Doch je weniger Bildung einer von diesen hat, je dreister und unüberlegter er verfährt, um so höher ist sein Ansehen in der vornehmen Welt. Denn die Heilkunde, zumal wie sie heute von der Mehrzahl ausgeübt wird, ist nichts anderes als eine Art Liebedienerei... Bedarf es noch eines Wortes über die Professoren...? Deren Eigenliebe ist ja allgemein so stark, daß man eher einen findet, der sein väterliches Gut als seinen Anspruch auf Geist aufgibt.»[6] Da er sich von Paracelsus beraten und behandeln ließ, wird dieser für ihn wohl eine Ausnahme gewesen sein.

Neben diesen mehr zeitkritischen Betrachtungen beschäftigte sich Erasmus vor allem mit umfangreichen philologischen Arbeiten, wodurch er zum Mitbegründer der neuzeitlichen Philologie wurde.

Der reformatorischen Bewegung stand er zunächst freundlich gegenüber, wandte sich aber von ihr ab, als er erkannte, daß Luther mit seinen Erneuerungsbestrebungen in einen unüberbrückbaren Widerspruch zur Römischen Kirche geriet. Diese Einstellung ist über die persönliche Haltung des Erasmus hinaus kennzeichnend für den gesamten Verlauf der Reformation.

Ohne Zweifel hat der Humanismus für die Reformation bedeutende Vorarbeit geleistet. Die wachsende Kritik an der Hierarchie der Kirche und damit verbunden an dem Wissenschaftssystem der Scholastik sowie der sich immer stärker durchsetzende Individualismus waren die hauptsächlichen Ursachen für das Entstehen dieser religiösen Erneuerungsbewegung. Daneben spielte auch die soziale Unzufriedenheit, die weite Bevölkerungsschichten erfaßt hatte, eine nicht unwichtige Rolle.

Die ernsthaften Reformbestrebungen der Kirche nahmen zu Beginn des 15. Jahrhunderts auf den Konzilien von Konstanz und Basel ihren Anfang. Doch blieb den hierbei gefaßten Beschlüssen ein

Martin Luther. Gemälde von Lucas Cranach d. Ä. (Ausschnitt). Deposition die Gemende Söderfors, Stockholm

durchgreifender Erfolg vorerst versagt. So konnten weder Wyclif noch Hus sich mit ihren Gedanken und Plänen durchsetzen.

Erst mit der im 16. Jahrhundert einsetzenden Umstrukturierung der politischen, wirtschaftlichen und sozialen Verhältnisse vollzieht sich am Vorabend der abendländischen Zeitenwende eine gründliche Änderung innerhalb des Gefüges der religiösen Welt.

Im Jahre 1517 verkündet der Augustiner-Mönch Doctor Martin Luther (1483–1546) seine 95 Thesen, in denen er unter anderem den Ablaßprediger Tetzel zu einer theologischen Disputation über den Ablaß und das Wesen der Buße herausfordert. Eine dieser Thesen oder Leitsätze lautet: «Ein jeder Christ, so er wahre Reue und Buße hat über seine Sünden, der hat völlige Vergebung von Pein und Schuld, die ihm auch ohne Ablaßbriefe gehöret.» Mit dieser Auffassung setzt er sich in offenen Widerspruch zur Römischen Kirche.

Während seines Studiums in Erfurt war er durch seine Lehrer mit den Strömungen des Nominalismus, des Humanismus und der Mystik in engere Berührung gekommen. Auf einer Reise nach Rom hatte er die kirchlichen Mißstände aus nächster Nähe miterleben können. So gärte es schon frühzeitig in ihm. Durch intensives Studium der Schriften des Kirchenlehrers Augustinus und vornehmlich der Römer-Briefe des Apostels Paulus war Luther schließlich zu der Überzeugung gekommen, daß die Gnade Gottes und nur sie die Macht sei, den Menschen zu ändern, bevor er seinerseits sein Leben ändern kann. Allein der Glaube an Christus ermögliche ein gehorsames und gerechtes Leben. Luther verlangt, daß beim Gottesdienst an die Stelle der hierarchisch-sakramentalen Heilsverwaltung die Predigt der im Neuen Testament bezeugten Heilsbotschaft tritt, die er jeder festgelegten Kirchenlehre überordnet.

Die revolutionären theologischen Vorstellungen des Augustiner-Mönchs fanden durch seine Reformschriften rasche Verbreitung. Hierin ruft er alle Deutschen zu seinen Mitstreitern auf: «Lasset uns aufwachen, liebe Deutsche, und Gott mehr als die Menschen fürchten.» Er wendet sich gegen den Anspruch der Priester, eine vor Gott bevorzugte Stellung einzunehmen, indem er die kirchliche Sakramentslehre und -verwaltung vehement anficht, auf die sich dieser Anspruch hauptsächlich stützt. Statt dessen verkündet er die Freiheit des Christen gegenüber allen kirchlichen Satzungen und Vorschriften.

Durch die Verbrennung der Bann-Androhungsbulle im Jahre 1520 zu Wittenberg sagt er sich von dem Autoritätsanspruch des Papstes formell los. Damit ist der folgenschwere Bruch mit Rom vollzogen. Ein Jahr später wird Luther vor den Wormser Reichstag geladen, wo er jedoch jede Zurücknahme seiner Lehre ablehnt. Daraufhin verhängt Karl V. die Reichsacht über ihn und seine inzwischen zahlreichen Anhänger. Der Geächtete flieht auf die Wartburg, wo er in der Abgeschiedenheit dieses Ortes das Neue Testament ins Deutsche überträgt. Später folgte dann die ganze Bibel.

Den wohl stärksten Widerhall fanden Luthers Gedanken bei der Landbevölkerung. Vor allem die Bauern sahen in seinen Ansichten über die Freiheit aller Christenmenschen die Bestärkung ihres Kampfes für die soziale Gerechtigkeit und um ihre Menschenwürde. In diesem Emanzipationsbestreben ging es um das angestammte ontologische Naturrecht eines jeden einzelnen Menschen, das dem beengenden Untertanengeist mittelalterlicher Ausprägung schon längst nicht mehr entsprach.

Überall flackerten Unruhen auf und dehnten sich rasch aus. Auch Paracelsus war bei seinem ersten Aufenthalt in Salzburg in die Vorgänge verwickelt worden. Sein starkes Sozialbewußtsein sowie sein äußerst kritisches Denken über die Obrigkeit trieben ihn dazu, sich auf die Seite der Aufrührerischen zu schlagen. Er wurde deswegen vorübergehend in Haft genommen.

Die Unruhen endeten schließlich mit einem Sieg der Territorialherren. Die soziale Lage der Bauern hatte sich nicht wesentlich gebessert. Ihre Anführer, unter ihnen Thomas Müntzer, wurden gefangengesetzt und größtenteils hingerichtet.

Der Sache der Reformation wurde durch die Bauernkriege schwerer Schaden zugefügt. Die Gegner Luthers schoben ihm die Mitschuld an den Ausschreitungen und Verwüstungen zu, die die Bauernheere überall angerichtet hatten. Viele seiner Anhänger, vornehmlich beim niederen Volk, zweifelten an ihm, weil er sich, anfangs ihrer gerechten Sache wohlwollend zugeneigt, mit zunehmender Ausweitung und Verschärfung der Auseinandersetzungen deutlich distanzierte.

Die Bauernaufstände konnten jedoch den geistigen Siegeszug der lutherischen Lehre in vielen Gebieten des Reiches nicht aufhalten. Auf dem Reichstag, der im Jahre 1530 nach Augsburg einberufen wurde, legten die evangelischen Stände dem Kaiser eine von ihnen gemeinsam unterzeichnete pragmatische Bekenntnisschrift vor: die «Confessio Augustana». In 28 Paragraphen faßte sie die wesentlichen Punkte der neuen Glaubenslehre zusammen. Ihr Verfasser war der angesehene Humanist und Mitarbeiter Luthers, Philipp Melanchthon (1497–1560). Daneben war er an der Bildung und Ausformung der protestantischen Gelehrtenschulen maßgebend beteiligt und gab den Universitäten und höheren Schulen bis weit in das 18. Jahrhundert hinein ihre spezifische Prägung. Dies trug ihm den verdienten Ehrentitel «Praeceptor Germaniae» – Erzieher des deutschen Volkes – ein.

Der Augsburger Reichstag endete damit, daß der Kaiser – seiner persönlichen Überzeugung entsprechend – sich gegen die Evangelischen entschied und entschlossen war, die «Ketzerei» mit allen ihm zu Gebote stehenden Mitteln zu bekämpfen. Um dieser Gefahr zu begegnen, schlossen die sich bedroht fühlenden Fürsten, Grafen und Städte ein Verteidigungsbündnis – den «Schmalkaldischen Bund».

Zunächst hatte Karl V. freilich andere Sorgen: Die Türken waren kurz zuvor schon bis Wien vorgestoßen, wurden dann aber zum Rückzug gezwungen. Doch schon wenige Jahre später rückten sie erneut mit ihrem Sultan Suleiman an der Spitze gegen das Reich vor. Die Zurückdrängung dieser Gefahr aus dem Osten war eine zwingend notwendige Aufgabe, die alle Deutschen unmittelbar und ohne Unterschied der Konfession anging. Vor dem anrückenden Reichsheer zog Suleiman sich schließlich zurück.

In diesen Jahren, in denen der Kaiser mit dem Schutz des Reiches nach außen hin vollauf beschäftigt war, konnte das Luthertum sich in Deutschland mehr oder minder ungehindert weiter ausbreiten.

Einem letzten Versuch Karls, die Glaubensspaltung doch noch zu überwinden und «Einigkeit, Frieden und Recht» wiederherzustellen, diente sein Vorgehen gegen den Schmalkaldischen Bund, in erster Linie gegen den Kurfürsten von Sachsen, dessen Truppen 1547 vom kaiserlichen Heer vernichtend geschlagen wurden.

Das darauf folgende sogenannte Augsburger Interim brachte nur eine vorläufige Lösung der andrängenden Fragen. Unter der Führung des ehrgeizigen Moritz von Sachsen erhoben sich die evangelischen Fürsten – diesmal mit Unterstützung des französischen Königs Heinrich II. – erneut. Der Kaiser war völlig überrascht und ohne nennenswerte Truppenkontingente. Er mußte daher bald schon in Friedensverhandlungen einwilligen.

Doch erst der Augsburger Religionsfrieden vom Jahre 1555 setzte unter die Kämpfe der Reformationszeit endlich einen Schlußstrich.

Der Kaiser war müde geworden unter den schweren Lasten der religiösen und politischen Verantwortung vor Gott und der Geschichte. Schweren Herzens gestand er nun die völlige Gleichberechtigung der Lutheraner mit den Katholiken zu. Eine allgemeine Religionsfreiheit für die Reichsfürsten und Reichsritter wurde proklamiert; die Konfession des jeweiligen Landesherrn sollte maßgebend sein auch für die seiner Untertanen. Damit hatte die religiöse Spaltung innerhalb des deutschen Reiches ihre rechtliche Anerkennung gefunden. Karl V. zog sich schon ein Jahr später von der politischen Bühne zurück in die Einsamkeit eines spanischen Klosters, wo er 1558 starb. Die religiöse Einheit der Christenheit, für ihn seit jeher unabdingbare Grundlage des Abendlandes, hatte endgültig aufgehört zu existieren.

Die vielschichtigen Veränderungen des geistigen Weltbildes blieben nicht nur auf die humanistischen und religiösen Restaurationsbestrebungen beschränkt. Der europäische Mensch, der sich aus dem anonymen Kollektivismus zu lösen trachtete, strebte über den Rahmen seiner Existenz hinaus und hielt nach noch nie gesehenen Ufern Ausschau. Eine ungeahnte Lebenskraft beflügelte seine Phantasie. Hierbei trat buchstäblich eine neue Welt in sein Blickfeld: Kolumbus entdeckte Amerika.

Seit Jahrhunderten schon gab es vereinzelte abenteuerliche Vorstöße in unbekannte Fernen, wobei vorwiegend die Ausweitung des Handels im Vordergrund der Interessen stand. Der Venetianer Marco Polo hatte bereits gegen Ende des 13. Jahrhunderts die fernöstliche Welt bereist und dabei in China 20 Jahre am Hof eines Mongolen-Khans zugebracht. Seine Reiseberichte hatten ungeheures Aufsehen erregt. Am Anfang des eigentlichen Entdeckungszeitalters steht aber die kühne Gestalt Heinrichs des Seefahrers, des Infanten von Portugal (1394–1460). Mit der Errichtung einer nautischen Navigationsschule schuf er planmäßig die Voraussetzung für seine Unternehmungen. Bereits im 12. Jahrhundert war in China der Kompaß erfunden worden. Zweihundert Jahre später wurde dieses wichtige Instrument auch in Europa allgemein bekannt.

Das Ziel Heinrichs hieß: Afrika. Wie weit mochte sich der Kontinent nach Süden hin erstrecken? Das war das Problem, das den Portugiesen beschäftigte. Es zu ergründen, rüstete er Expeditionen aus, die den unbekannten Erdteil entlang seiner Westküste erforschen sollten, um über den Gambia oder Senegal das sagenumwobene Reich des Erzpriesters Johannes von Abessinien zu erreichen, von dessen märchenhaften Reichtümern unbestimmte Kunde gekommen war. Sowohl für diesen Plan, wie auch um einen östlichen Seeweg nach Indien zu finden, mußte man zunächst die geographische Gestalt dieses Kontinents kennenlernen. Doch erst 1498 gelang es seinem Landsmann Vasco da Gama, bis an die Küsten des indischen Reiches vorzudringen. Der von ihm erschlossene Handelsweg war für Portugal von großer Wichtigkeit, denn bald schon waren die importierten Gewürze Indiens überall eine vielbegehrte Ware. Kurze Zeit später umsegelte Magalhães als erster die Erdkugel.

Für die Zukunft Europas entscheidend aber wurde eine andere Entdeckungsfahrt, die sein gesamtes politisches, wirtschaftliches und kulturelles Leben nachhaltig beeinflussen sollte. Im Auftrag der spanischen Krone bereitete sich der Genuese Christoph Kolumbus darauf vor, den Seeweg nach Indien in westlicher Richtung zu erkunden. Nicht zuletzt die von dem Italiener Toscanelli entworfene erste Weltkarte sowie die Annahme, daß die Erde Kugelgestalt besitzen müsse, verleiteten ihn zu diesem wagemutigen Unternehmen.

Am 3. August 1492 sticht er mit einer Flotte, bestehend aus drei kleinen Segelschiffen, von Palos aus in See. Zehn Wochen später – man schreibt den 12. Oktober – landet er auf einer Insel der Bahamagruppe. Auf drei weiteren Fahrten zwischen 1493 und 1504 entdeckt er unter anderem Kuba und Haiti und betritt an der Nord- und Ostküste mittelamerikanisches Festland.

Der neue Reichtum, den die Kolonien ihren Eroberern mit der Zeit einbrachten, ermöglichte einen ungeahnten Aufschwung des Welthandels und führte zu einschneidenden strukturellen Veränderungen innerhalb des europäischen Wirtschaftssystems. Die Mittelmeerstaaten, wie Genua und Venedig, verloren allmähliche ihre wirtschaftliche Schlüsselstellung zugunsten der am Atlantik liegenden Staaten; der Aufstieg der großen Seemächte bereitete sich vor. Der anhaltende Zustrom von Edelmetallen aus der Neuen Welt und der aufblühende Kolonialhandel leiteten die frühkapitalistische Wirtschaftsform und damit verbunden den europäischen Imperialismus ein.

In sozialer Hinsicht sah das Bild jedoch ganz anders aus. Die breite Masse des Volkes hatte unter dem Reichtum zu leiden, so paradox sich das ausnehmen mag. Der Kapitalmarkt wies inflationalistische Tendenzen auf. Während die Preise vieler lebenswichtiger Konsumgüter rapide in die Höhe gingen, nahm andererseits die Kaufkraft des umlaufenden Geldes immer mehr ab, da seine Quantität ständig zunahm. Nur eine begüterte Oberschicht konnte da noch mithalten. Es war die große Zeit der mächtigen Handelshäuser wie der Fugger und Welser, die durch eine kluge Finanzpolitik ihren Reichtum unaufhörlich vermehrten. Nach dem alten Grundsatz, daß Geld den Zugang zur Macht bedeutet, gewährten sie Kaiser und Fürsten, ja sogar der Kurie in Rom hohe Anleihen und sicherten sich dadurch einen nicht unbeträchtlichen Einfluß auf die politischen Entscheidungen.

Überblickt man dieses Zeitalter in seiner Gesamtheit, so zeigt es sich dem Betrachter als janusköpfig: Mit dem einen Gesicht blickt es zurück in die Vergangenheit, ins Mittelalter, dem es wesentliche Impulse auf allen Lebensgebieten und in allen Wissenschaftsbereichen verdankt. Mit seinem anderen Gesicht schaut es weit in die Zukunft, indem es künftigen Epochen der Menschheitsgeschichte die Grundlage schafft.

Im Spannungsfeld dieser Gegensätze, das man in Anlehnung an Nikolaus von Kues als die «coincidentia oppositorum historiae» kennzeichnen könnte, ist schließlich das entstanden, was wir als den eigentlichen Ursprung und als die Ontogenese unserer heutigen, modernen Zeit anzusehen haben.

Neue Horizonte: Die Evolution der Naturwissenschaften

An den Auswirkungen der geistigen Revolution, die allmählich das gesamte wissenschaftliche Leben erfaßte, partizipierten die Naturwissenschaften in besonders reichem Maße. Die Entdeckung ferner, fremder Länder jenseits des Ozeans und die sich daraus herleitenden neuen Kenntnisse und Erkenntnisse hatten deutlich werden lassen, welche immanenten Kräfte und Fähigkeiten der Mensch besitzt, wenn er darangeht, seine kühnen Träume in die Tat umzusetzen.

Ähnlich den Forschungszielen auf humanistisch-philologischem Gebiet begann man auch im naturwissenschaftlichen Bereich, ein neues methodologisches Fundament zu suchen, auf dem sich ein eigenständiges und systematisches Lehrgebäude errichten ließ. Die Rückbesinnung bis auf die großen Weltentwürfe der Antike verlieh den aufkeimenden Naturwissenschaften nicht nur den notwendigen inneren Halt, sondern gab ihnen darüber hinaus jene unabdingbare Orientierungsmöglichkeit an der Historie, die man als Tradition bezeichnet.

Tradition – das hieß jedoch zunächst: kritische Auseinandersetzung mit den geistigen Grundlagen des Mittelalters, also vor allem mit der Scholastik. Der Naturforscher vornehmlich des 16. Jahrhunderts war geneigt, die unmittelbar voraufgegangene Zeit hinsichtlich ihrer naturwissenschaftlichen Leistungen eher als eine Übergangsperiode anzusehen denn als einen unmittelbaren Bezugspunkt, an den sich anknüpfen ließ. Auch Paracelsus war dieser Ansicht: *so wissent nun ... das die bücher so an euch und an mich von den alten her gelangt sind, mich gnugsam zu sein nit gedeucht hat. dan sie* (sind) *nit volkomen, sonder ein ungewisse geschrift die mer zu verfürung dienet dan zum rechten schlichtigen weg, welches mich auch geursacht, sie zu verlassen.*[6a]

So leidenschaftlich viele die mittelalterliche Naturanschauung auch ablehnten, sie konnten sich ihrer direkten Einflußsphäre jedoch in keiner Weise entziehen. Dies gilt auch für Paracelsus, dessen Denken noch viele typisch mittelalterlichen Merkmale aufweist. Die Gründe hierfür lassen sich leicht erklären, wenn man untersucht, welche Stellung die Naturforschung innerhalb des mittelalterlichen Wissenschaftsgefüges einnahm.

Schon seit Boethius und Cassiodor (6. nachchristliches Jahrhundert) war die Naturforschung der Theologie in vielen Fragen untergeordnet, denn die profanen Wissenschaften dienten nahezu ausschließlich zur Ergänzung der theologischen Studien. Erst im 12. Jahrhundert begann man in der Schule von Chartres, sich mit ihnen näher zu befassen. Das Studium von Platons Schriften («Timaios») und seiner darin niedergelegten Gedanken über die Ordnung im Kosmos und in der Natur gab den mittelbaren Anlaß hierzu.

Doch erst die Berührung mit dem Islam brachte die abendländische Naturwissenschaft einen entscheidenden Schritt vorwärts. Über

Avicenna. Aus einer Bilderhandschrift der Österreichischen Nationalbibliothek, Wien

vier Jahrhunderte hinweg sollte ihr Weg dadurch bestimmt werden. Córdoba und Granada waren bis zum 13. bzw. 15. Jahrhundert die Vorposten der arabischen Kultur auf europäischem Boden. Nach der Einnahme von Toledo durch die Truppen des Königs von Kastilien im Jahre 1085 wurde diese Stadt wichtigstes Übersetzungszentrum der arabischen Literatur. Vor allem sind es zwei ihrer berühmtesten Denker, deren Schriften für die Naturwissenschaft im christlichen Abendland von lang andauerndem Einfluß waren: Avicenna (980 bis 1037) und Averroës (1126–98). Paracelsus setzte sich später mit beider Schriften sehr kritisch auseinander.[7] Der «Kanon der Medizin» des Avicenna war während des ganzen Mittelalters nahezu unantastbar, da man die Auffassung vertrat, daß darin die medizinischen Erkenntnisse des vielgepriesenen griechischen Arztes Galenus mit der Philosophie des Aristoteles zu einer wirksamen Einheit verbunden seien. Fast ebenso ehrfürchtig wurde seine achtzehn Bände umfassende Enzyklopädie betrachtet, durch welche die Philosophie der Scholastik stark beeinflußt wurde. Averroës hingegen war hauptsächlich als Kommentator der Aristotelischen Werke von Bedeutung, mit denen sich das nachfolgende 13. Jahrhundert zu befassen hatte.

Die schwierige Aufgabe, die diesem Jahrhundert zufiel, bestand darin, die christliche Lehre mit der antiken Philosophie in Übereinstimmung zu bringen. Im wesentlichen waren es Albertus Magnus (um 1193–1280) und sein Schüler Thomas von Aquin (um 1225 bis 1274), die diese Synthese in Angriff nahmen und durchführten. Dabei wurde auch den Naturwissenschaften, ihren Methoden und Zielen eine entsprechende Stellung eingeräumt; so beispielsweise, wenn Albertus fordert: «Man muß die Erforschung der Natur bis zu den individuellen Dingen vordringen lassen, Erkenntnis der allgemeinen Natur der Dinge ist noch nicht mehr als potentielle Erkenntnis ... Der Beweis durch sinnliche Erfahrung ist in der Naturwissenschaft der allersicherste und steht höher als eine Argumentation ohne Experiment.»[8] Die hauptsächlichste Schwierigkeit bestand darin, eine bestimmte sinnliche Erfahrung zunächst einmal durch eine sinnvolle Begriffsbildung und eindeutige Begriffsbestimmung mitteilbar zu machen, denn nur so läßt sich ein Experiment reproduzieren.

In den das Wissen der Zeit umfassenden «Summen» des Thomas von Aquin wird vorherrschend eine innere Harmonie von Glaube und Vernunft angestrebt. Die Vernunft als Basis auch der Naturerforschung wird zwar hervorgehoben, zugleich aber werden ihre wesentlichen Intentionen der Theologie untergeordnet. Neben der Philosophie, der das gleiche Schicksal widerfuhr, war auch die Naturwissenschaft vielfach die «ancilla theologiae», eine Dienerin der Religionswissenschaft. Von letzterer kamen denn auch sofort Kritik und Widerstand, wenn die profanen Wissenschaften den Versuch wagten, die enge Bindung zur Theologie zu lockern. Daher wandelten diese notgedrungen auf manchen – in unserer Sicht «dunklen» – Wegen und Umwegen, um der angestrebten Erkenntnis näher zu kommen. Innerhalb der Naturwissenschaft waren es hauptsächlich drei «Künste», die ihr Bild für lange Zeit mitbestimmen sollten; gemeint sind Astrologie, Magie und Alchimie. Nicht zuletzt waren diese «Parawissenschaften» für das Weltbild des Paracelsus von großer Wichtigkeit.

Die mittelalterliche Astrologie hing dem Glauben an, daß die Gestirne auf dem Weg über den Körper des Menschen auf dessen Charakter, auf sein Fühlen, Denken und Handeln Einfluß zu nehmen vermögen. Sie wurde aus mancherlei Gründen heraus von vielen Gelehrten abgelehnt; so auch von Paracelsus, wenn er warnt ... *zu betrachten* (das) *astralische Ens, das ist auf die fürgebung der astronomischen lerern, die do sezen, das der himel den cörper formirt* (beeinflußt) *und ihn bilde und nature nach ime. aber wir wollen do nichts von hantlen, aus ursachen, das nichts an solchem* (Gerede) *ist.*[9] An dieser Stelle ist allerdings eine wesentliche Einschränkung

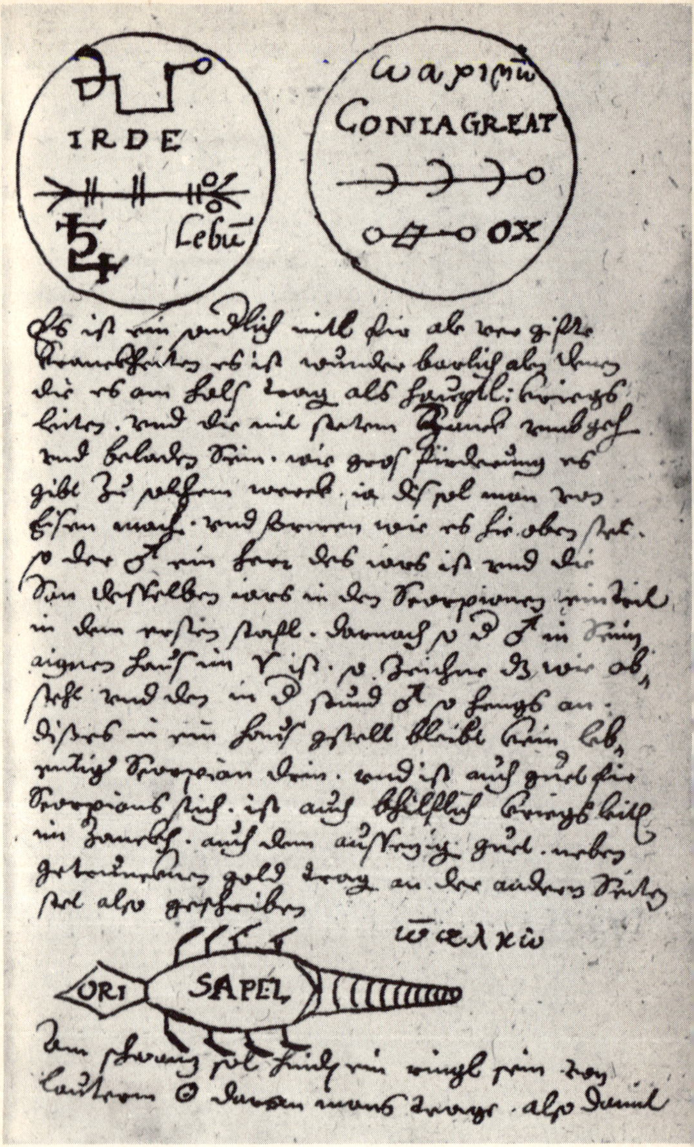

Magisch-alchimistische und kabbalistische Symbole.
Aus einer Paracelsisten-Handschrift von 1649

zu machen. Denn Paracelsus setzt gleichwohl Mensch und Kosmos in Beziehung zueinander: Krankhafte Veränderungen im Menschen, dem Mikrokosmos, haben nach seiner Überzeugung ihre Entsprechungen im Makrokosmos: *Also mag auch wol gesprochen werden, das die zeit microcosmi* (und) *der großen welt* (macrocosmi) *ein sunderi ursachen gebe* (einer) *krankheit.*[10] Und an anderer Stelle: Die Astrologie *leret ... vom ganzen firmament wie es gegen der erden und dem menschen geneigt ist nach natürlicher erstgeschafner ordnung und was der mensch und die erden mit dem gestirn verwant seind*[11]. Aus diesen Vorstellungen heraus, die vorwiegend medizinische Gesichtspunkte ins Auge faßten, entwickelte er eine differenzierte Krankheitslehre, indem er den Menschen als unmittelbar

«Ora et labora». Gott und Natur, Transzendenz und Immanenz: Das Weltbild des Alchimisten, symbolisch dargestellt. Kupferstich von Hans Vredemann de Vries, um 1600

der physischen Umwelt ausgesetzt betrachtete. Dadurch geriet er in Konflikt mit den gängigen Anschauungen seiner Zeitgenossen, welche die Krankheitsursachen – einer uralten Lehre entsprechend – als eine Störung des Gleichgewichts innerer Körpersäfte postulierten.

Auch die Magie, vor allem die «weiße» oder natürliche Magie, war als eine Art spekulativer Naturphilosophie im Mittelalter von großer Bedeutung. Ihre Absicht war, den in der Natur verborgenen Wirkkräften nachzuspüren, die logisch nicht ohne weiteres erklärbar sind. Paracelsus drückt das später so aus: *Dise kunst zwingt den himel in seinen kreften herab in die stein und kreuter, wörter und dergleichen, lernet auch verwantlen eins in ein anders, lernet auch erkennen die übernatürlichen gestirn ... und dergleichen, bedeutnus zugeben und zu erkleren.*[12]

Einen besonders interessanten Gegenstand für den Wissenschaftshistoriker stellt die Alchimie dar, die durch unmittelbare Beeinflussung seitens der Araber im 13. Jahrhundert ihre besondere Ausprägung erfuhr. Vor noch nicht allzu langer Zeit vertrat man noch allgemein die Ansicht, daß die Umwandlung («Transmutation») unedler Metalle in Gold sowie die Herstellung eines sogenannten «Steins der Weisen» als Lebenselixier bzw. Allheilmittel ihre wichtigsten Ziele gewesen seien. Die neueren Untersuchungen C. G. Jungs, M. Eliades und anderer haben deutlich werden lassen, daß diese Annahme nur in beschränktem Umfang zutrifft. Vielmehr hatte die Alchimie auch eine durchaus ernst zu nehmende esoterische und kontemplative Seite, deren wesenhafte Elemente in der Psyche des laborierenden Alchimisten verankert waren und seine Intentionen zum großen Teil mitbestimmten. Erst mit Paracelsus findet die Alchimie ihre Anwendung im Dienst des Menschen, indem sie in der Hand des Arztes eine Kunst wird, um Heilmittel auf chemischer Basis herzustellen (Chemiatrie): *... was aus der natur wachst dem menschen zu nuz, derselbige der es dahin bringt, dahin es verordnet wird von der natur, der ist ein alchimist ... nicht als die sagen, alchimia mache gold, mache silber; hie ist das fürnemen: mach arcana* (Heilmittel) *und richte dieselbigen gegen die krankheiten ... hierin ligt der weg der heilung und gsuntmachung. solchs alles bringt zum ende die alchimei, one welche die ding nicht beschehen mögen.*[13]

Das 13. und 14. Jahrhundert hatten dem Europa der anbrechenden Neuzeit die Wege zu den Erfahrungswissenschaften zum überwiegenden Teil geebnet. Das über-natürliche Naturdenken wurde mehr und mehr von dem vernunftsmäßigen und planmäßigen Vorgehen bei der Durchforschung der Natur zurückgedrängt. So wandte sich der Nominalismus (Ockham) gegen die Tendenz, allgemeinen Begriffen eine metaphysische Realität zuzuschreiben. Nicht was die Dinge sind, sollte untersucht werden, sondern wie sie im Rahmen ihrer Erscheinungen wirken, das heißt wie sie sich dem Experimentator darstellen und zu erkennen geben. Das Experiment als die bewußt und final gerichtete Frage an die Natur gewann durch diese Impulse immer mehr an Boden. Schon der Franziskaner-Mönch Roger Bacon

Marsilio Ficino.
Ausschnitt aus einem Fresko von
Domenico Ghirlandaio.
Santa Maria Novella, Florenz

hatte immer wieder betont, daß nur die Erkenntnis mit den Mitteln der Beobachtung, Intuition und Mathematik eine vernünftige Grundlage für jede weitere Naturforschung darstellte. Seine größte Leistung in dieser Hinsicht war es, daß er als erster das Zusammenwirken aller Erkenntnismittel und ihren inneren engen Zusammenhang gesehen hat. Damit aber schuf er als einer der ersten die Methode der induktiven Naturforschung, deren Ziel es ist, vom besonderen Einzelfall auf das Allgemeine, das Gesetzmäßige zu schließen. Nach diesem Vorgehen ergeben einzelne, sich einander bestätigende Beobachtungsresultate eine ihnen adäquate wissenschaftliche Theorie.

Diese Arbeitsmethode hat bis auf den heutigen Tag ihre Gültigkeit bewiesen. Mit ihr beginnt die eigentliche, die systematische Entdeckung der Natur.

Nach diesem summarischen Überblick über die Naturerforschung im Mittelalter kehren wir zum Anfang unserer Überlegungen zurück. Damit treten wir ein in das 15. Jahrhundert, das heißt in das Zeitalter der Renaissance und des Humanismus. Der endgültigen Trennung von weltlicher und geistlicher Macht entspricht im geistigen Bereich die Trennung von Wissen und Glauben. Der Mensch wird auch im geistigen Raum Individuum und erkennt sich als solches. Für die Naturwissenschaft ist diese Einstellung von ganz besonderer Bedeutung. Erst einmal losgelöst von der metaphysischen Betrachtungsweise an sich natürlicher Vorgänge, entwickelt sie in der Folgezeit neue Energien und Antriebskräfte. Im Rahmen dieser Epoche wird sie neben Reformation, Humanismus und Renaissance eine vierte Formkraft neuzeitlichen Denkens. Dabei hatte der Humanismus nur einen indirekten Einfluß auf die Erfahrungswissenschaften, da ihm deren Vorstellungswelten von vornherein fremd waren. Naturforschung und Experimentierfreudigkeit waren überdies eng an gewisse handwerkliche Fertigkeiten geknüpft. Da das Handwerk von den humanistischen Gelehrten im Grunde geringschätzig erachtet wurde, beschäftigten sich die meisten nicht näher damit. Beiden Strömungen gemeinsam war ihre ablehnende Einstellung gegenüber der

Scholastik, worin sie sich trafen, worin aber ihre Gemeinsamkeit sich mehr oder weniger auch schon erschöpfte.

Anders die Philosophie der Renaissance. Sie war an der Ausformung der sich emanzipierenden empirischen Wissenschaften wesentlich beteiligt. Schon spätestens seit Nikolaus von Kues kam die philosophische Denkrichtung der Platonischen Schule immer mehr zur Geltung, fand in der ersten Hälfte des 15. Jahrhunderts zunächst jedoch noch kein rechtes Echo. Der Aristotelismus, hauptsächlich in der Gestalt, die Averroës ihm gegeben hatte, war immer noch vorherrschend. Daneben fand vor allem in Italien die Gedankenwelt Platons immer weitere Verbreitung. Ihr wichtigster Vertreter war neben Pico della Mirandola (1463–94) der Florentiner Philosoph und Arzt Marsilio Ficino (1433–99), der unter dem Mäzenat von Cosimo de' Medici eine platonische Akademie gründete. Der direkte Einfluß seiner naturphilosophischen Ideen ist – neben denen des Kusaners – auch im Werk des Paracelsus deutlich spürbar. Der Platonismus des Ficino ist eigentlich ein mit aristotelischen Motiven durchsetzter Neuplatonismus (Plotin). Was uns in diesem Zusammenhang interessiert, ist seine Welt-Anschauung, die in der Vorstellung gipfelt, daß es nur e i n e Wahrheit – in der Natur also nur e i n e n Tatbestand – geben kann, die sich in mannigfachen Formen zu erkennen gibt. Objektives Erkennen – im Experiment – und subjektives Erleben – als Intuition – sollen im Bewußtsein des Menschen zu einer unablösbaren Einheit verschmolzen werden. Hierzu werden die Sphären des Seins in Stufen angeordnet. Auf der untersten Stufe steht die Vielheit der Dinge und ihre Veränderlichkeit, während das Eine und Unveränderliche (Gott) die oberste Stufe einnimmt. Zwischen den beiden Polen dieses Stufenkosmos äußert sich die Natur in verschiedenen Graden durch die Vielfalt ihrer Erscheinungen. Der Einfluß des Kusaners ist spürbar, wenn Ficino sagt, daß sich das Göttliche in der Natur widerspiegelt und der Mensch angehalten ist, dies zu erkennen – ein weiterer Gedanke, der von Paracelsus aufgegriffen wird. Die Theologie lehrt, wie sich Gott in der Schrift offenbart; die Naturphilosophie soll nun seine Offenbarung in der Natur ersichtlich werden lassen. Die Denkweise entspricht dem kusanischen Begriff von der «natura naturans», welcher den Weltenschöpfer als die unauslotbare, unendliche Wirkkraft innerhalb der Natur darstellt – und der Vorstellung einer «natura naturata», die das Universum als Summe des Kreatürlichen erklären und umfassen soll.

Ähnliche Überlegungen liegen auch dem naturphilosophischen System Pico della Mirandolas zugrunde, der ebenfalls die Welt als einen Stufenbau betrachtet. Den untersten Rang bildet das Körperliche, als nächste Stufe folgt die Sphäre der himmlischen Wesen, und darüber erhebt sich schließlich die Welt der reinen Ideen. Innerhalb dieser Anordnung kommt dem Menschen eine besondere Stellung zu, da er jede der drei Welten in sich enthält. Die Anthropologie des Paracelsus geht einen verwandten Weg: Der Mensch als Mikrokosmos trägt alle Wesenszüge des Makrokosmos in sich, da er diesem ent-

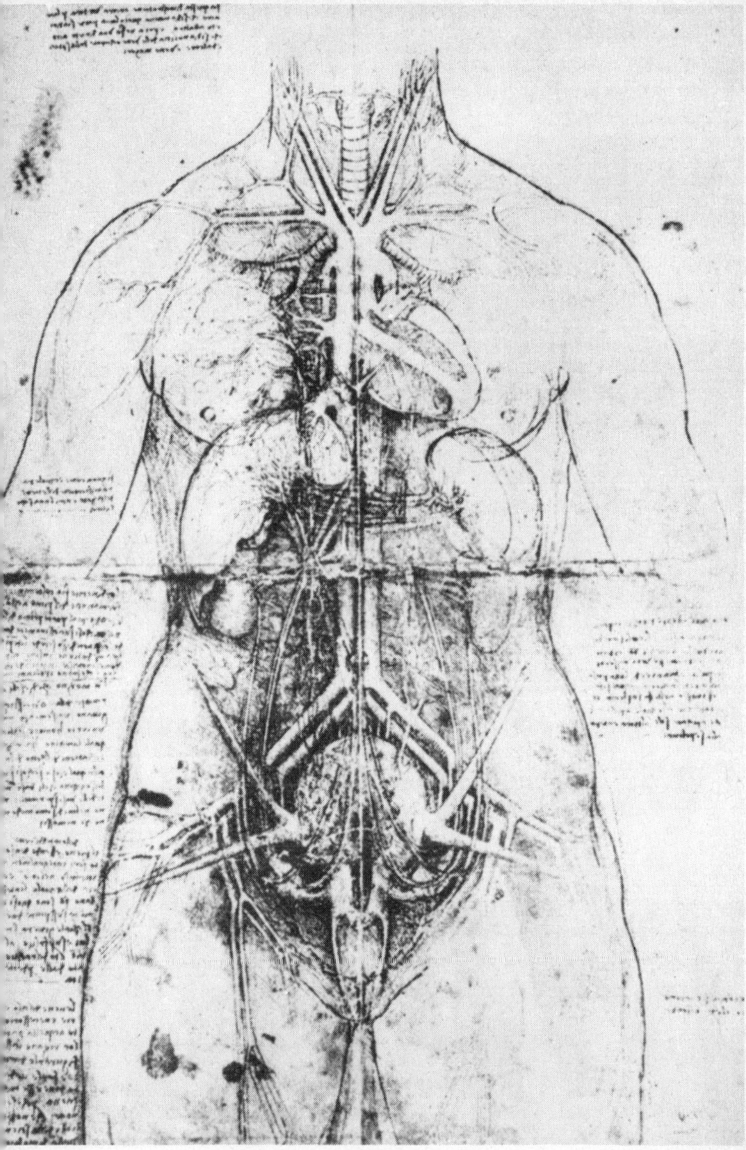

Anatomische Studie. Zeichnung von Leonardo da Vinci, um 1513.
Windsor Castle, Royal Library

stammt und ihm in allen Phasen seines Lebens – daher auch in allen Phasen seiner Krankheit – unterworfen ist. In ihm begegnen sich die «Große Welt» und seine eigene körperhafte Beschaffenheit und durchweben einander zu einem untrennbaren Ganzen. Diese Vorstellung ist der Tenor, den wir in nahezu jeder paracelsischen Schrift in der einen oder anderen Form wiederfinden.

Neben Ficino und Pico sei aber noch eines anderen genialen Italieners gedacht, auf den zu Recht die Bezeichnung «homo universale» zutrifft: Leonardo da Vinci (1452–1519). Kennzeichnend für seine geistige Haltung der Naturwissenschaft gegenüber ist der Ausspruch: «Die Wissenschaft ist eine zweite Schöpfung mittels des Verstandes, gleichwie die Malerei eine zweite Schöpfung mittels der Phantasie ist.» Naturforscher und Künstler stehen vor der gleichen Aufgabe: Hier gilt es, die Natur verstehen zu lernen und einzelne ihrer Prozesse durch das Experiment nachzuvollziehen. Dort ist es die Forderung, diese Natur mit den Sinnen zu erfassen, um ihre Wesenhaftigkeit im Kunstwerk zu einem gültigen Ausdruck zu bringen. Für Leonardo ist es vor allen Dingen die Mathematik, der er eine entscheidende Stellung innerhalb der Naturerforschung einräumt. Sie ist ihm die entscheidende Verknüpfung zwischen dem forschenden Geist des Menschen und den quantitativ bestimmbaren Gesetzen der Natur. Auf der methodischen Grundlage des Experiments lassen sich diese Gesetze erkennen und veranschaulichen. Die Methode, nach der man vorgehen soll, beschreibt er wie folgt: «... Erst werde ich einige Versuche machen, ehe ich weiter vorgehe, weil es meine Absicht ist, zuerst das Experiment vorzubringen, und dann mit der Ursache zu zeigen, weshalb selbiges Experiment gezwungen ist, in solcher Weise zu wirken. Und dieses ist die wahre Regel, wie die Erforscher der Wirkungen der Natur vorgehen müssen, und wenngleich die Natur mit der Ursache beginnt und mit dem Experiment endet: wir müssen den entgegengesetzten Weg verfolgen, d. h. beginnen, wie ich oben sagte, mit dem Experiment und mit diesem die Ursache untersuchen.»[14] Diese Sätze könnten auch von einem Naturwissenschaftler des 20. Jahrhunderts niedergeschrieben worden sein. Eine Randbemerkung Leonardos, flüchtig hingeworfen zwischen anderen Aufzeichnungen: «Die Sonne bewegt sich nicht!»[15]

Dieser kühne Ausspruch ist zugleich ein Kernsatz innerhalb des astronomischen Weltentwurfs des Nikolaus Kopernikus (1473–1543), dem wir uns als letztem großen Wegbereiter der anbrechenden Neuzeit noch kurz zuwenden wollen. In seiner Hauptschrift «De revolutionibus orbium coelestium», die erst in seinem Todesjahr erschien, entwirft er sein berühmtes heliozentrisches Weltsystem, auf dessen Grundanschauungen später Tycho Brahe, Johannes Kepler und Galileo Galilei aufbauen konnten. Immer noch war das fast anderthalb Jahrtausende alte geozentrische System des Ptolemäus vorherrschend. Auf Grund seiner Berechnungen und Überlegungen kam Kopernikus schließlich zu dem Ergebnis, daß 1. die Sonne im Mittelpunkt der Welt steht und ihren Standort nicht verändert; 2. die Fixsterne, ebenfalls unbeweglich, stehen in einer kugelförmigen Sphäre, wohingegen 3. die Planeten sich auf kreisförmig gedachten Bahnen um die Sonne bewegen. Ferner erkannte er, daß 4. die Erde sich in 24 Stunden einmal um ihre eigene Achse dreht und daß 5. der Mond sich auf einer ebenfalls als kreisförmig angenommenen Bahn um die Erde bewegt.

Sieht man von den erheblichen Fehlern und Mängeln, die diesem System noch anhafteten, einmal ab (Kreisbewegung, Schale der Fixsterne usw.), so ist es trotzdem ohne weiteres evident, welche hervorragende Bedeutung ihm im Rahmen der damaligen Astronomie eingeräumt werden muß. Mit der kopernikanischen Kosmologie beginnt für diese Wissenschaft ein neues Zeitalter.

«Die Weltumsegelung, die Entdeckung des größten Kontinents der Erde, die Erfindung des Kompasses, die Verbreitung des Wissens durch die Druckpresse, die Revolutionierung der Kriegskunst durch das Schießpulver, die Rettung antiker Handschriften, die Wiederbelebung der gelehrten Forschung, all das legt Zeugnis ab vom Triumph unseres Neuen Zeitalters.»[16] Diese Sätze, niedergeschrieben von einem französischen Arzt im Jahre 1545, also kurz nach dem Tode seines Zeitgenossen Paracelsus, kennzeichnen am treffendsten die optimistische Stimmung zu jener Zeit. Noch im geistigen Umbruch befindlich, bereitete sie den wissenschaftlichen Aufbruch vor, dessen Auswirkungen unmittelbar in unsere Zeit hinüberleiten.

PARACELSUS: WANDERER ZWISCHEN DEN ZEITEN

Kindheit: Einsiedeln und Villach

Über die Kindheits- und Jugendjahre des Theophrastus Bombastus Aureolus Philippus von Hohenheim, der sich erst später Paracelsus nannte, besitzen wir nur spärliche und lückenhafte Nachrichten. Was er selbst über diese Zeit mitteilt, erschöpft sich in wenigen Anmerkungen. Sie sind über das Gesamtwerk verstreut – mehr zufällig niedergeschrieben denn als autobiographische Reminiszenzen gedacht. Zeitgenössische Quellen liefern zusätzlich einzelne Hinweise, die jedoch nicht selten aus zweiter Hand stammen und daher nur in gewissem Umfang brauchbar sind. Was wir darüber hinaus über diese so eminent wichtige Phase am Anfang seines Lebens- und Bildungsweges aussagen können, beschränkt sich deshalb vielfach auf Mutmaßungen und Rückschlüsse, die allerdings so lange legitim bleiben, wie sie der Wirklichkeit und den tatsächlichen Geschehnissen am nächsten zu kommen scheinen.

Dieser Grundsatz wurde im Verlauf der Paracelsus-Forschung nicht immer konsequent verfolgt. Karl Bittel, einer der wenigen kundigen Biographen Hohenheims, stellt einen ganzen Katalog von offensichtlichen Irrtümern und freierfundenen Histörchen zusammen, die mit erstaunlicher Zähigkeit die einschlägige Literatur durchziehen und nachweislich jedes historischen Wahrheitsgehalts entbehren. Bittel schreibt unter anderem: «Schlägt man eine beliebige gültige Biographie aus jüngster Zeit auf, so ist mit einigen Variationen etwa zu lesen: Doctor Wilhelmus von Hohenheim ließ sich unweit Einsiedelns im Gasthaus bei der Teufelsbrücke als Licentiatus medicinae nieder und ehelichte im Jahr 1491 Els Ochsner, deren Familie in einem gewissen Abhängigkeitsverhältnis zum Benediktinerstift stand. Das noch vorhandene Bräutigamsbild des Vaters zeigt sowohl das Wappen der Bombaste von Hohenheim und ein Stierwappen, das dem Geschlecht der Ochsner zugehört. Am 10. November 1493 – vielmals wird auch der 17. Dezember genannt – kam ihr einzigstes Kind zur Welt, das auf den Namen Philippus, Aureolus, Theophrastus getauft wurde. Das Kleeblatt der Drei schlug sich im Hause der mütterlichen Eltern an der Sihl recht und schlecht durch. Nach zehnjähriger Ehe, im Jahre 1502, starb die Gattin; sie hatte jahrelang unter Schizophrenie gelitten und schließlich in der reißenden Sihl Erlösung von der Last ihres Daseins gesucht. Der Vater verließ nun Einsiedeln und zog mit dem neunjährigen Sohn nach Villach, einer Berufung als Lehrer an die dortige Bergschule und zugleich als Stadtarzt Folge leistend.»[17]

Versucht man, das dichte Knäuel von Legenden, Mutmaßungen, Dichtung und tatsächlichen Begebenheiten vorsichtig zu entwirren, so bleibt von einer exakten biographischen Darstellung der frühen Jahre Hohenheims nicht viel übrig. Schon eine genaue Bestimmung

Angebliches Bildnis des Vaters. Öl auf Holz, 1491.
Stadtmuseum Salzburg

Kloster Einsiedeln. Ausschnitt aus einem Holzschnitt von 1577

des Geburtsjahrs ist nicht möglich. Nirgendwo findet sich eine Urkunde oder eine Eintragung, die hierüber Aufschluß zu geben vermag. Der Baseler Alchimist, Magier und Arzt Leonhard Thurneysser nennt «n. Chr. 1483, den 10. Novembris, auff rechten mittag» als den Geburtstag Hohenheims. Diese Angaben eines späten Zeitgenossen sind jedoch sehr fraglich, denn an diesem Tag ist Martin Luther geboren – also offensichtlich wohl eine Verwechslung Thurneyssers. Hingegen mag das Jahr 1493 (das letzte Drittel, wie vielfach angenommen wird) oder 1494 (die erste Hälfte, wie manche Forscher vermuten) einige Wahrscheinlichkeit für sich haben. Immerhin erklären beide Zeitangaben, daß der junge Theophrastus 1502, also im Alter von ungefähr neun Jahren, bei Villach die Klosterschule besucht hat. Darüber liegt uns eine Notiz aus Hohenheims Feder vor.

Von ihm wissen wir auch den Geburtsort: Einsiedeln im Schweizer Kanton Schwyz. Im ersten Buch der *Großen Wundarznei* sucht er dem Leser seine manchmal etwas schwerfällige und wunderliche Ausdrucksweise verständlich zu machen, die sich, wie er glaubt, aus seiner ländlichen Herkunft erklärt: *ich habe in disem buch den arzeten ein benügen geton, umb die anderen ist mir kein sorg. ich hab hierin bisher ein lentlichen spruch gefürt, das mich keiner rhetorik noch subtiliteten berümen kan, sonder nach der zungen meiner geburt und lantssprachen, der ich bin von Einsidlen, des lants ein Schweizer, sol mir mein lentlich sprach niemants verargen, ich schreib nicht von der sprach wegen, sonder von wegen der kunst meiner erfarenheit* ...[18] Auch sein Schüler Michael Toxites, «paracelsist von Strasburgk», bekundet später (1574): «Diser herr Wilhelm hat sich zu Einsidlen verheurat mit einer ehrlichen person, dem Apt daselbs oberkaiten halben zugehörig, mit welcher er Theophrastum Paracelsum im ehelichen standt erzeuget hat.»[19]

Das Städtchen mit der am Ortsende gelegenen Abtei Maria Einsiedeln war schon seit alters her ein vielbesuchter Wallfahrtsort. Pilger aus allen Gegenden Zentraleuropas zogen auf der alten Pilgerstraße, die über den Etzelpaß führte, hin zum Gnadenbild der «Schwarzen Madonna». Den kleinen Theophrast wird dieser Kontakt mit der weiten Welt zweifellos fasziniert haben. Vielleicht liegt in dieser Begegnung mit den Pilgern aus aller Herren Ländern eine der Wurzeln für das spätere paracelsische Fernweh. Hinzu kommt, daß das Gebiet um den Züricher See uralter Kulturboden ist, wo bereits die Römer siedelten und wo später im 14. Jahrhundert die größte und wertvollste Sammlung mittelhochdeutscher Lyrik entstand, die unter dem Namen «Manesse-Handschrift» berühmt wurde. Von hier ging auch die schweizerische Reformation aus. Am Fuß des aufragenden Säntis, im Toggenburger Land, wurde ein Jahrzehnt vor Paracelsus der Reformator Huldrych Zwingli geboren (1484–1531), der als junger Theologe «Leutpriester» in Einsiedeln war. Auf der Insel Ufenau, einem kleinen Eiland im Zürichsee, starb 1523 Ulrich von Hutten.

Dieses alte Kulturland zwischen der humanistischen Hochburg Basel, der Konzilsstadt Konstanz und dem Wissenschaftszentrum St. Gallen, wo religiöse, soziale und kulturelle Strömungen aufkamen und mit Vehemenz aufeinanderprallten, hatte naturgemäß auch auf seine Bewohner einen nachhaltigen Einfluß. Es ist eine weitere, tiefgreifende Wurzel späteren paracelsischen Denkens und Handelns.

Den stärksten, weil unmittelbaren Einfluß auf den Knaben übte jedoch der Vater aus, Wilhelm von Hohenheim (1457–1534). Er war Arzt aus Passion. Was lag daher näher, als daß der Sohn sowohl mit der «Materia medica» wie auch mit dem Ethos des Arztberufs schon früh vertraut wurde: *... dan ein iegliches kint schlegt in die art seines vattern.*[20] Von den vielen, die in der Jugend seine Lehrer waren, nennt der dreiundvierzigjährige Paracelsus später in dankbarer Erinnerung *erstlich Wilhelmus von Hohenheim meinen vatter der mich nie verlassen hat ...*[21]; *... also wird ein ietlicher geboren in die art sines vaters. was im vom selben ingelibet wird, mag er volstrecken. also ist der son gwaltig in sinem veterlichen erb zehandlen.*[22]

Das Adelsgeschlecht der Banbaste oder Bombaste von Hohenheim stammte aus Schwaben, wo die Familie nahe Stuttgart ihren Sitz hatte. Urkundlich läßt sie sich bis ins 12. Jahrhundert nachweisen. Der Großvater Theophrasts, Jörg Bombast von Hohenheim, war Ordensritter und Komtur der Johanniter. In dieser Eigenschaft begleitete er seinen Landesherrn 1468 auf einer abenteuerlichen Reise ins Heilige

Das «Kulturdreieck»: Basel, Konstanz, St. Gallen

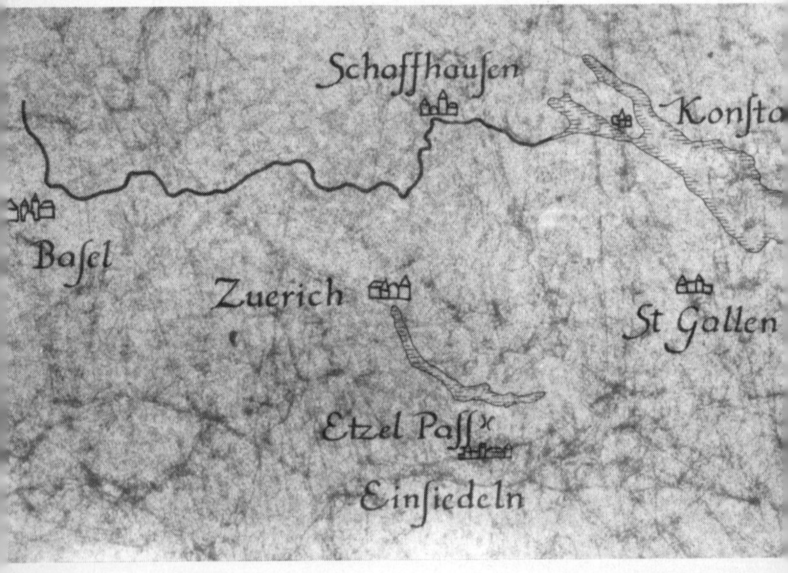

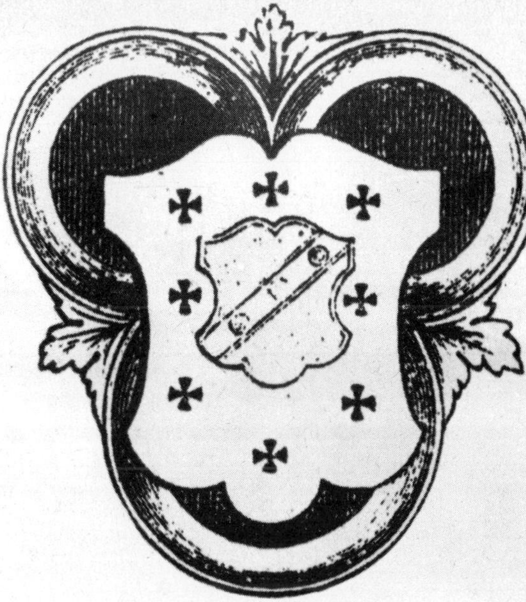

Das Wappen des Paracelsus, nach einer späteren Ausgabe seiner Werke

Land. Sein vermutlich illegitimer Sohn Wilhelm wird 1481 in das «Album studiosorum» der Tübinger Universität eingetragen, wo er einige Jahre Medizin studiert, ohne allerdings das Studium mit einer Promotion abzuschließen. Danach zieht er, dem allgemeinen Brauch entsprechend, im Land umher, um Erfahrungen und Kenntnisse zu sammeln. Auf dieser Wanderschaft kommt er um 1490 schließlich auch nach Einsiedeln, wo er bald darauf eine ortsansässige junge Frau heiratet – die Mutter des Theophrastus. Sie gehörte einer Familie an, die in einem unmittelbaren Dienstleistungsverhältnis zum Kloster stand, weshalb sie in späteren Akten als «Gotteshausfrau» bezeichnet wird. Ihr Bild verliert sich schon bald, so daß angenommen werden muß, daß sie einige Jahre nach der Geburt des Sohnes, vielleicht noch in Einsiedeln, gestorben ist. Auch Paracelsus erwähnt sie eigentümlicherweise an keiner Stelle direkt, obgleich er wohl an sie gedacht haben mag, als er schrieb: ... *das kint bedarf keins gestirns noch planeten darzu: sein muter ist sein planet und stern.*[23]

Aus den frühen Lebensjahren erinnert er sich, daß er ... *in armut und hunger seine jugent verzert habe.* Jedoch: *Je ärmer wir erzogen werden, je größer die Ehre gegen Vater und Mutter sein soll.*[23a] – Neben Veranlagung und Erziehung ist es auch die Landschaft, die

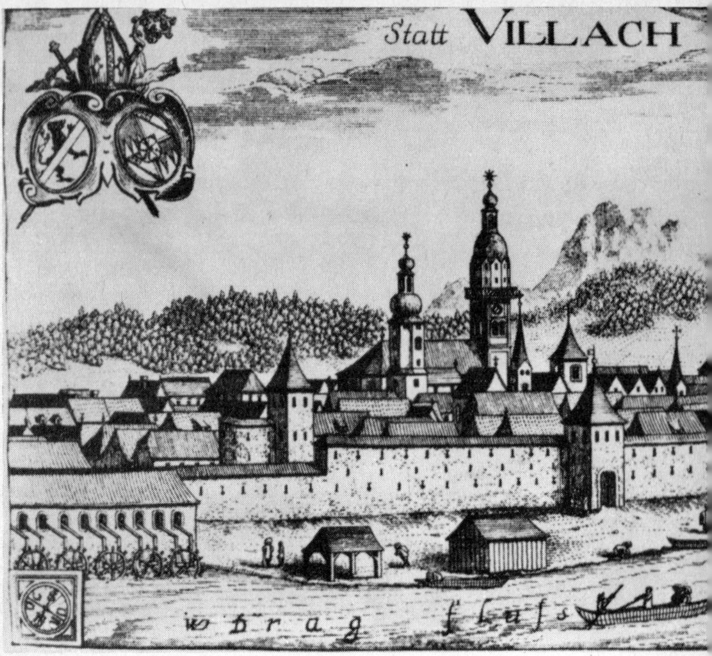

Villach. Stich von Anton Trost, 17. Jh.

den Menschen formt: *von der natur bin ich nicht subtil gespunnen, ist auch nicht meins lants art, das man was mit seidenspinnen erlange. wir werden auch nicht mit feigen erzogen, noch mit met, noch mit weizenbrot, aber mit kes, milch und haberbrot: es kan nicht subtil gesellen machen. zu dem das eim alle sein tag anhengt, das er in der iugent entpfangen hat... dan dieselbigen, in weichen kleidern und die in frauenzimer erzogen werden und wir die in tanzapfen erwachsen, verstehent einander nit wol.*[24] Der letzte Satz ist eine deutliche Anspielung auf die späteren Baseler Ereignisse.

Um das Jahr 1502 verläßt die Familie Einsiedeln und begibt sich in das über 500 Kilometer weit entfernte Villach im Kärtner Land. Anlaß hierfür werden hauptsächlich die zunehmenden Auseinandersetzungen der Eidgenossen mit dem Schwäbischen Bund gewesen sein, welcher deren Unabhängigkeit gegenüber dem deutschen Reich bedrohte («Schwabenkrieg»). Im Verlauf der Dinge mag der Schwabe Wilhelm von Hohenheim sich wohl als «unerwünschter Ausländer» gefühlt haben, so daß er eine Auswanderung in Erwägung ziehen mußte. In Villach, der Handelsmetropole und zweitgrößten Stadt Kärntens, angekommen, übernimmt Vater Wilhelm die Stelle des

Stadtarztes. Daneben lehrte er sehr wahrscheinlich noch an einer dortigen Bergschule. Die neue Umgebung und das verhältnismäßig milde Klima des klimatisch milden Drau-Tals wird dem Knaben gut bekommen sein. So erinnert sich Paracelsus später an ... *das erzherzogtumb Kernten, nach dem lant meiner geburt das ander mein vaterlant, in welchem zweiunddreißig jar mein lieber vater gewont hat, gestorben und vergraben, welchem von einer löblichen lantschaft vil zucht, ehr und guts bewisen worden, das ich billich an stat meines vaters seligen in dankbarkeit mich erzeige ...*[25]

In der Betrachtungsweise der modernen Psychologie sind die frühen Jahre, die Paracelsus in Einsiedeln und Villach zubrachte, für sein weiteres Leben von großer Tragweite gewesen. Die Summe der Erfahrungen, die der junge Mensch in den ersten Entwicklungsjahren sammelt, bestimmen maßgebend sein späteres Verhalten und seine Handlungen. Es zeigt sich dabei, daß die früh erworbenen Gewohnheiten, die hauptsächlich aus Ererbtem und aus Umgebungseinflüssen rühren (Interaktion), besonders beharrlich sind. Der Erwachsene bleibt dauernd unter dem Einfluß dessen, was er als Kind gesehen, erlebt und gelernt hat. So läßt sich beispielsweise die Aggressivität Hohenheims, die später wieder zum Vorschein kam, zu einem nicht unerheblichen Teil auf Frustrationen – Entsagungen – während der Kindheit zurückführen. Hierher gehören vor allen Dingen die Armut der Familie und der vermutlich frühe Tod der Mutter. Hinzukommt, daß der Vater offenbar keine besondere Autorität dem Kind gegenüber entwickelt haben wird – sonst wären die positiven Charaktereigenschaften, wie Initiative, Selbstbewußtsein und Selbständigkeit, schon frühzeitig unterdrückt worden; jedenfalls wären sie nicht in dem Maße zur Geltung gekommen, wie es nachher der Fall gewesen ist. Auch seine abenteuerliche Unternehmungslust, in die weite Welt zu gehen und sich überall selbständig mit den jeweiligen Problemen in der Freiheit des Gedankens auseinander zu setzen, wäre nicht recht erklärbar. Für seine hohe Intelligenz, die teils angeboren war und teils vom Vater und seinen Lehrern erst ausgeformt wurde, spricht die Art, wie er späterhin Erfahrungen verwendet und schwierige Fragen zu lösen versucht, wodurch sein Denken jene Originalität und Selbständigkeit aufweist, die man in allen seinen

Zwischen Villach und Sankt Paul: die Heimat des späteren Wanderers

Werken feststellen kann. Daß dabei allerdings nicht selten Affekte auftraten, die seine Urteilsfähigkeit trübten oder gar ausschalteten, sei in diesem Zusammenhang noch hinzugefügt. Affekte bringen jedoch daneben nicht selten intuitive Einfälle hervor; auch solche «Wachträume» sind bei Paracelsus immer wieder anzutreffen.

Diese Überlegungen geben die Grundlage und zugleich die Erklärung für seinen späteren Wahlspruch: *Alterius non sit, qui suus esse potest!* (*Es sei keiner eines anderen Knecht, der sein eigener Herr zu sein vermag!*) Man kann ihn vergleichen mit der Forderung Nietzsches: «Werde, was du bist!»

JUGEND: ERSTE BEGEGNUNG MIT DER NATURWIRKLICHKEIT

In Villach beginnt für den etwa neunjährigen Theophrastus die eigentliche methodische Ausbildung und damit der erste Abschnitt seiner wissenschaftlichen Laufbahn. Diese Zeit ab 1502 kann man daher als seine «Lehrlingszeit» betrachten. In diesem Alter wird er für alt und klug genug befunden, um das zu verstehen, was man ihn nun lehren wird. Aber schon in Einsiedeln wird er den Vater auf manchen Krankenvisiten begleitet haben. Dabei schaute er aufmerksam zu, wie dieser mit allerlei Instrumenten, Pulvern, Salben und Kräutern umzugehen wußte. Hierbei mag ihm mit der Zeit der Wunsch gekommen sein, auch einmal alle diese Kenntnisse, Fähigkeiten und Fertigkeiten zu erwerben. Wenn der Vater von der Arbeit ausruhen wollte, ging er wohl mit dem Knaben in die Natur hinaus, um ihm die heimische Flora zu zeigen und zu erklären, vor allem jene Pflanzen, die dem Menschen mit ihren geheimnisvollen Kräften helfen und ihm Linderung seiner Schmerzen zu geben vermögen.

Zu Hause war der Sohn dann mit dabei, wenn die gesammelten Kräuter getrocknet, pulverisiert und, mit allerlei Zusätzen versehen, zu einem bestimmten Arzneimittel verarbeitet wurden. Wißbegierig wird er gefragt haben, was dieses und jenes sei und wofür man es gebrauche. Die verschiedenen Phiolen, Tiegel und Kästchen mit farbigen Mineralien oder glitzernden Metallstücken wurden auf ihren Inhalt hin untersucht. Und immer wieder hieß es: Was tut man denn damit? Gegen welche Krankheit ist dieses rote Mineral oder jenes bräunliche Pulver gut? Der Vater wird ihm alle diese Fragen geduldig beantwortet haben. Auch müssen die Bücher der kleinen väterlichen Bibliothek es dem Knaben angetan haben. Er konnte zunächst zwar noch nicht lesen, doch die vielen Abbildungen von Menschen und Pflanzen werden seine Neugier und Phantasie sicherlich immer wieder aufs neue erregt haben. So drang der junge Theophrastus unter der behutsamen Führung des Vaters schon in jungen Jahren immer tiefer in die Geheimnisse der Natur ein, deren Entschleierung ihn ein ganzes, erfülltes Leben lang beschäftigen sollte.

... von kintheit auf hab ich die ding getriben und von guten underrichtern gelernet, die in der adepta philosophia die ergründesten warent und den künsten mechtig nach gründeten. erstlich Wilhelmus von Hohenheim, meinen vatter ... demnach und mit sampt im ein

Die Benediktiner-Abtei Sankt Paul im Lavanttal.
Stich aus dem 17. Jh.

große zal, die nit wol zu nennen ist, mit sampt vilerlei geschriften der alten und der neuen von etlichen herkomen, die sich groß gemühet habent, als bischof Scheit von Settgach, bischof Erhart und sein vorfaren von Lavantall, bischof Nicolaus von Yppon, bischof Matheus Schacht sufraganus Phreisingen und vil ept, als von Spanheim und dergleichen mer, und vil under den anderen doctorn und dergleichen, auch so ist ein große erfarnus beschehen und ein lange zeit her durch vil alchimisten die in solchen künsten gesucht haben, als nemlich der edel und fest Sigmund Füger von Schwaz mit sampt einer anzal seiner gehaltnen laboranten.[26]

Jetzt – hier in Kärnten – sind es also andere, die ihn weiter fortbilden und seine Kenntnisse wesentlich ergänzen und vertiefen. Paracelsus nennt in dem vorausgehenden Zitat eine Anzahl von Lehrern und Alchimisten, denen er sich zu Dank verpflichtet weiß, weil sie ihn in die Gedankenwelt der Theologie und Philosophie eingeführt haben. Nach seinen Angaben wohnten die meisten seiner geistlichen Erzieher im Lavanttal, das man von Villach aus über Klagenfurt auf gut einem Tagesritt erreichen konnte. Hier liegt, unweit der schäumenden Lavant, die aus dem 13. Jahrhundert stammende Benediktiner-Abtei Sankt Paul. Ihr angeschlossen war eine Klosterschule, in welcher der neue Schüler Theophrastus Bombast von Hohenheim Aufnahme findet. Wahrscheinlich besuchte er auch die nicht weit davon entfernt liegende Schule von Sankt Andrae, doch läßt sich diese Annahme vorerst nicht genauer belegen. Seine Lehrmeister waren also hauptsächlich Kirchenmänner, die von nun an die weitere Ausbildung in die Hand nehmen, wodurch sein Bildungsweg maßgebend beeinflußt werden sollte.

Was wurde auf diesen Schulen um jene Zeit gelehrt? Die Beantwortung dieser Frage weist zugleich auf den Gesamtgehalt des künftigen paracelsischen Opus hin. Gelehrt wurde: was Gott und seine Kirche betrifft – Religionswissenschaft –; was mit dem Menschen zusammenhängt – Politik, Soziologie und Anthropologie –; und was sich auf die Natur bezieht. Letzteres war Naturphilosophie im Sinne dessen, was Paracelsus später mit *Philosophia adepta* bezeichnet. Das Wissen um die immanente Harmonie dieses Dreiklangs von Gott, Mensch und Natur vermitteln ihm diese seine Lehrer im Lavanttal.

Wenngleich in vielem noch dem spätmittelalterlichen Weltbild verbunden, eigneten sie sich nicht zuletzt durch ihre auf dem neuesten Stand der Wissenschaften gehaltene Bibliothek sowie durch ausgedehnte Reisen sehr wahrscheinlich profunde Kenntnisse auf manchen Wissensgebieten an, die nicht unbedingt die Theologie berührten. Hierzu zählten vor allem Philosophie und Naturwissenschaft; ja, sogar medizinische Erfahrungen werden manchen von ihnen nicht ganz fremd gewesen sein. Faßt man alle diese von Hohenheims Lehrern zweifellos erarbeiteten Einzeldisziplinen zusammen, so ergibt sich hieraus eine theologische, enzyklopädisch untermauerte Weltanschauung, die man als Theosophie und Panpsychismus (bzw. Pansophie) zu bezeichnen hat. Beide Strömungen, die für die Naturphilosophie des 16. Jahrhunderts charakteristisch sind, zielen darauf ab, durch meditative Berührung mit Gott die kosmologischen Vorgänge innerhalb und außerhalb unserer Welt zu erfassen. Dabei ist ihr Augenmerk darauf gerichtet, den Sinn des gesamten Welt-Geschehens zu begreifen, um zu den esoterischen Grundwahrheiten vordringen zu können (Theosophie). Der Panpsychismus setzt in kontemplativer, selbstversunkener Schau die Allbeseelung der Natur voraus. Die immanenten Grundkräfte dieser Natur, sowohl der belebten wie der unbelebten, sind primär seelischer Wesensart und daher auch mit dem Menschen, der an diesem Naturganzen einen wesentlichen Anteil hat, sympathetisch verwandt.

Aus dieser Geisteshaltung heraus, deren Grundzüge ihm im Lavanttal zum erstenmal vermittelt werden, kam Paracelsus im Laufe der Jahre zu seiner *Philosophia adepta*, deren Wesen er wie folgt erklärt: *Zu wissen, was philosophia adepta sei, so merkent am ersten ein solchen underricht, das alle die irdische corpora über das, das sie von elementen haben, ein firmamentische kraft und tugent mit tragen. also wo ein elementisch corpus ist, da ist auch ein firmamentische eigenschaft. der nun weiß, was firmamentisch ist im elementischen corpus, der ist philosophus adeptus. und zu gleicher weis wie der philosophus communis describirt die natürlichen kreft der kreuter, also sol auch der philosophus adeptus describiren die firmamentischen kreft in denselbigen... was philosophia adepta mer in ir hat... das ir also verston sollent: zu gleicher weis wie ein schüler lernet von seinem schulmeister, also mag auch der mensch lernen in adepta philosophia durch die himlischen praeceptores* (Vorbilder).[27]

Jedoch macht er dem Leser gleich klar, daß es nicht ganz einfach ist, zu dieser besonderen Naturphilosophie vorzudringen, sondern daß man sich ihr hauptsächlich auf kontemplativem Wege nähern kann. Erlernen und verstehen läßt sie sich nur bis zu einem gewissen Grade: *Also weiter ist auch zu wissen, das sich philosophia adepta in der gestalt auch probirt, das sie vom menschen nicht zu lernen ist sonder alein aus der schul* (der Natur), *da sie ist... alein den buchstaben haben wir von denen, die da gelernet haben von dem, der es selbs ist* (Gott) *und der es hat und der es weiß. wöllen wir nun den verstant haben, in dem aller schaz ligt, was die selben buchstaben beschließen, begreifen und in inen haben, so müssen wir den selbigen weiter nemen, nemlich von dem der die buchstaben zusamen sezen gelernet hat. dan den verstant kan niemants schreiben und ie mer ein ding ist, ie minder der verstant da ist.*[28]

An einem *exempel* legt er dar, was gemeint ist: *Wie sol man nun erfaren, was doch in* (den Dingen) *sei? dan der mensch sols und muß* (es) *wissen. so sie nun selbs das wissen nicht geben können, mit uns nicht reden, so haben wir des keinen verstant, das zu wissen, was in denen ist. also ists auch mit den buchstaben; die* (natürlichen) *ding sind alle tot. nun aber zu erforschen was in kreutern ist, darzu gehört philosophia adepta, die selbig weiß alle verborgene ding, alle heimlikeit, alle arcana* (Heilmittel) *der natur, was in einem ieglichen kraut, samen, wurzen usw. befunden ist. wöllen wir nun lernen und erfaren, was himlisch, was firmamentisch ist in den irdischen corporibus, oder was elementisch in inen ist, so müssen wir das lernen von dem philosopho adepto, der philosophiam adeptam weiß und kan und on den selbigen ist alles tot und on vertröstung in zweifel gestelt. also wird nun probirt, das philosophia adepta von den menschen nicht mag gelernet werden, alein wol der buchstab von ime genomen, wie wir die kreuter von der erden haben.*[29]

Nun haben wir eine deutlichere Vorstellung davon, was *Philosophia adepta* in paracelsischer Sicht ist: Der Bogen spannt sich von der *sichtigen* Naturerforschung bis hin zu einer mehr kosmologisch-metaphysischen und mystischen Naturausdeutung, die in den sogenannten «Geheimwissenschaften», wie beispielsweise Alchimie, natürliche Magie und Astrologie beheimatet ist. Manches von den Ideen und Vorstellungen, die in diesen Zitaten zum Ausdruck kommen, ist Hohenheim in den Klosterschulen von Sankt Paul und Sankt Andrae – vielleicht nur in Ansätzen – vermittelt worden. Hier übt er sich auch im abstrakten, rein begrifflichen Denken sowie in dem Können, für bestimmte konkrete, anschauliche Naturvorgänge S y m b o l e einzusetzen und mit diesen folgerecht umzugehen. Dies ist von nicht unerheblicher Bedeutung für sein nachmaliges alchimistisches System, innerhalb dessen er eigentlich schon die Ansicht Kants vorwegnimmt, der sagt: «Abstrakte Begriffe vermitteln an vielen Dingen wenig, konkrete Begriffe [aber] an wenigen Dingen viel Erkenntnis.»

Außerdem erwirbt Theophrastus sich während dieses Zeitabschnitts mancherlei theologische Grundkenntnisse. Einer seiner Lehrer, den er erwähnt, ist der Bischof Erhard Baumgartner, ein Gelehrter, der sich vorwiegend mit alt-testamentarischen Kommentaren befaßte. Auch der theologische Laienschriftsteller Paracelsus beschäftigt sich rund zwei Jahrzehnte später mit ähnlichen Problemen; so zum Beispiel, wenn er die Auslegung der Zehn Gebote versucht oder die Psalmen Davids kommentiert. Auf sein theologisches Werk soll in einem anderen Abschnitt noch näher eingegangen werden.

Neben dieser mehr theoretischen bzw. naturphilosophischen Ausrichtung kommt der Jüngling auch frühzeitig mit der praktischen Seite der Naturerfahrung in unmittelbare Berührung. Wieder ist es zunächst der Vater, dem er die erste Bekanntschaft mit der naturwissenschaftlichen Praxis verdankt. In der näheren Umgebung Villachs liegen die Bergwerke von Paternion, Bleiberg und Hutenberg, wo neben Zink-, Blei- und Eisenerzen auch Alaun, Sulfate und in geringen Mengen Gold zutage gefördert werden. Überdies befindet sich in der Stadt oder ihrer unmittelbaren Nähe eine Bergschule, an der Wilhelm von Hohenheim unterrichtet. Außer seinem medizinischen Wissen besaß dieser offenbar hinreichende chemische und metallurgische Kenntnisse, die er den «Scheidekünstlern» und Hüttenleuten hier vermittelt.

Alchimistischer Arzt. Ausschnitt aus einem Studienblatt von Albrecht Dürer, 1495. Albertina, Wien

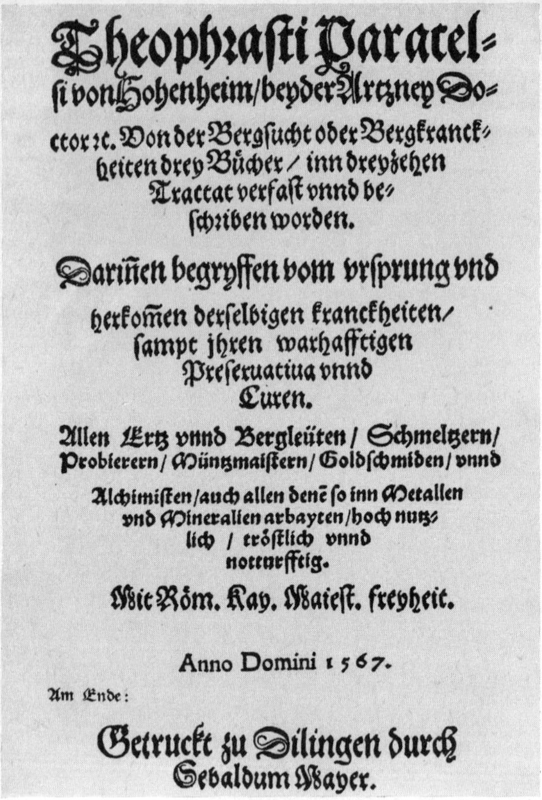
Theophrasti Paracel-
si von Hohenheim/ beyder Artzney Do-
ctor ꝛc. Von der Bergsucht oder Bergkranck-
heiten drey Bücher/ inn dreyzehen
Tractat verfast vnnd be-
schriben worden.
Dariñen begryffen vom vrsprung vnd
herkom̃en derselbigen kranckheiten/
sampt jhren warhafftigen
Preseruatiua vnnd
Curen.
Allen Ertz vnnd Bergleüten/ Schmeltzern/
Probierern/ Müntzmaistern/ Goldschmiden/ vnnd
Alchimisten/ auch allen denē so inn Metallen
vnd Mineralien arbayten/ hoch nutz-
lich/ tröstlich vnnd
notturfftig.
Mit Röm. Kay. Maiest. freyheit.
Anno Domini 1567.
Am Ende:
Getruckt zu Dilingen durch
Sebaldum Mayer.

Titelblatt des Buches «Von der Bergsucht»

Sein Sohn Theophrastus ist mit dabei, wenn er die verschiedenartigen Prozesse der Metallgewinnung und -veredlung den Laboranten erklärt. In den Laboratorien und an den Probieröfen schaut der junge Adept zu, wie aus den unscheinbaren Gesteinen plötzlich das flüssige, reine Metall austritt. Dieser Vorgang stellt für uns heutige Menschen nichts Ungewöhnliches mehr dar, weil er in allen Phasen wissenschaftlich exakt erklärbar ist. Für den Betrachter jener Zeiten aber war es ein eindrucksvolles Erlebnis, wenn ein Erz das in ihm «verborgene» Metall endlich, nach langen Bemühungen freigibt. Ist es nicht im Grunde eine geheimnisvolle Verwandlung – «Transmutation» – des unedlen Stoffs in einen edlen? Dies zu erreichen war ein Hauptziel der Alchimie, die allerdings manchmal über eben dieses Ziel hinausging, indem sie aus gewöhnlichen Metallen mit allen erdenklichen Mitteln und Verfahren das edle Gold zu gewinnen suchte.

Man wird sich unschwer vorstellen können, daß die Erlebnisse in der Bergschule und in den Kärntner Hüttenwerken bei dem staunenden Theophrastus Eindrücke hinterließen, die ihn für lange Zeit beschäftigt haben werden. Sehen, beobachten, mutmaßen – das alles führte ihn zu der Frage: Was geht vor in der Natur? Auf welche Weise und mit welchen Mitteln läßt sie sich angehen? Und schließlich: Welcher Bauplan, welche Einheitlichkeit verbirgt sich hinter der schier unendlichen Vielfalt ihrer Erscheinungen? «Eine neue Welt tat sich ihm auf. Eine neue Seite der Natur offenbarte sich dem jungen Hohenheim. Er sah, wie sich die Elemente anzogen und abstießen, wie sie sich zu neuen Stoffen verbanden.» (H. Sigerist)

Östlich von Innsbruck liegt das Städtchen Schwaz. Dorthin begibt er sich einige Zeit später, um in den nahen Silber- und Kupfergruben der berühmten Fugger weitere Erfahrungen zu sammeln und seine Kenntnisse von den vielfältigen Verhaltensweisen der Materie zu vertiefen. Mag sein, daß er hier schon manche ihrer Gesetzmäßigkeiten erahnt haben wird, ohne diese vorerst jedoch interpretieren und artikulieren zu können.

Als «Laborant» lernt er mit den vielen, manchmal recht unhandlichen Geräten und Werkzeugen umzugehen; er lernt, wie man Erze gewinnt und aufbereitet, um sie dann anschließend weiterverarbeiten zu können. Während dieser Tätigkeit in den Hütten beobachtet er, daß viele Arbeiter an sonderbaren Erkrankungen leiden, die offenbar berufsbedingt sind. Diese Beobachtung, die er auch auf seinen späteren Reisen hier und dort macht, bringt ihn schließlich dazu, sich Gedanken über deren Ursachen zu machen. In seiner Schrift *Von der Bergsucht...* – entstanden in den Jahren 1533/34 – beschreibt er ausführlich Entstehung, Symptome und Verlauf dieses Leidens und gibt gleichzeitig wertvolle Hinweise für dessen Heilung. Es handelte sich hierbei hauptsächlich um Erkrankungen der Luftwege und Atmungsorgane, die zu chronischem Husten, Asthma und allgemeinem Schwund der Kräfte führten. Durch methodisches und systematisches Vorgehen gelangte Paracelsus durchweg zu objektiv richtigen Diagnosen. Damit schuf er eine für die damalige Zeit vollständige berufsmedizinische Monographie, die zur Grundlegung unserer modernen Gewerbehygiene entscheidend beitragen sollte.

Auf den Schulen und in den Hüttenwerken des Kärntner und Tiroler Landes hat er nun genug gelernt, gesehen und erfahren, um jetzt in die Welt hinauszugehen und seine Studien fortzusetzen. Auf den Universitäten will er die gelehrten Professoren hören, sein Wissen ordnen und vertiefen. Der Entschluß ist gefaßt: Er will Arzt werden. Mit den Ratschlägen des Vaters und seiner Lehrer versehen, begibt er sich auf den Weg.

In welchem Jahr Hohenheim Villach verlassen hat, läßt sich nicht mehr feststellen. Er gibt uns hierüber keine näheren Auskünfte, sondern beschränkt sich lediglich auf die Feststellung: *hab also die hohen schulen erfaren lange jar bei den Teutschen, bei den Italischen, bei den Frankreichischen und den grunt der arznei gesucht. mich nit alein derselbigen leren und gschriften, büchern ergeben wöllen, sonder weiter gwandert ...*[30]

Über seine Reisen und Aufenthaltsorte in den Jahren von etwa 1507 bis 1511/12 gibt es im wesentlichen zwei divergierende Ansichten: Die erste geht davon aus, daß der vierzehn- oder fünfzehnjährige Scholar Theophrastus während dieser Zeit verschiedene Städte besucht hat, an deren Universitäten er wohl hauptsächlich als Gasthörer studierte. Genannt werden in den «rheinischen Gebieten»: Tübingen, Heidelberg, Mainz, Trier, Köln, Freiburg im Breisgau; ferner in den «Donauländern»: Ingolstadt, München, Wien; *an der Elbe und weiter*: Wittenberg, wo er Luthers theologische Vorlesungen hört, sowie Leipzig und Erfurt.[31] Bei dieser Aufzählung bleibt die chronologische Reihenfolge natürlich unberücksichtigt, da sich hierfür keine Anhaltspunkte finden lassen. Auch die Frage, ob er nur diese Städte besucht hat oder auch ihre Universitäten, mag dahingestellt bleiben.

Doch noch eine andere Frage taucht bei dem skeptischen Betrachter dieser Wanderwege auf: Wie mag der Jüngling Theophrastus das wohl geschafft haben? Und, daran anschließend, noch eine weitere: Worauf beruhen diese Angaben? Handelt es sich um Tatsachen oder um vage Vermutungen – oder gar um ein unlösbares Gewirr aus beidem? Der Paracelsus-Forscher K.-H. Weimann bemerkte vor wenigen Jahren: «Es zeigt sich, daß der überwiegende Teil der ‹Quellenzitate› jeder Stichhaltigkeit entbehrt. Die Zeiteinteilung ist völlig frei erfunden, und auch die Ortsangaben beweisen meist nichts. Leider liegen Urkunden und anderweitige Bezeugungen für diese Frühzeit Hohenheims überhaupt nicht vor. Wir sind auf das angewiesen, was Paracelsus in seinen Werken über sich selbst berichtet. Auch wenn man das als genügenden Beweis gelten lassen will, ergeben sich fast keine genauen Zeitangaben und nur allgemeine Länderangaben ... Daran knüpft [manch einer] die von Paracelsus selbst gar nicht aufgestellte Behauptung, daß dieser auch dort geweilt oder gar dort studiert habe. Mit dieser Argumentation könnte man auch eine Paracelsische Weltraumreise zum Mond konstruieren, denn er erwähnt den Mond mehrmals. Alles, was man [in diesem Zusammenhang] über die Studienjahre des Paracelsus vorträgt, muß als frei erfunden bezeichnet werden. Selbst die paar Universitätsorte, von denen Paracelsus tatsächlich selbst sagt, daß er dort gewesen sei, werden ausdrücklich auf eine spätere Zeit bezogen.»[32]

Greifen wir gleich zur Bekräftigung dieser Behauptungen die erste Universitätsstadt, die oben erwähnt wurde, heraus: Tübingen. Hohenheim schreibt 1527 *... das vil frembde von Tübingen, Freiburg*

Die Alte Universität in Wien

und anders wo (-her) *mir nachzogen ... bei mir etwas zu erlangen*[33]. An anderer Stelle (von 1530): *So ir nun holzdoctores zu Tübingen, Heidelberg, Wien, Leipzig, Ingolstadt usw. wachsen, so muß ich mit euch scherzen ...*[34] Und ein Jahr später ruft er seinen Zunftgenossen zu: *Euch hat Leipzig, Tübingen, Wien, Ingolstadt beschaffen; also seint ir auch, wie der schöffer, der euch da geschaffen hat ...*[35] – das heißt also: unwissend und unbedarft. Schließlich wird er noch vom Vater über dessen Studienzeit an der Tübinger Alma mater allerlei gehört haben. Damit erschöpft sich auch schon das Thema Tübingen; ähnliches gilt für die anderen Orte, wo er angeblich zwischen 1507 und 1512 studiert haben soll. Was er erwähnt und beschreibt, sind lediglich die Zustände an den verschiedenen Universitäten hinsichtlich ihrer mangelhaften Ausbildung der angehenden Ärzte. Sie werden ihm später erst – gegen Ende der zwanziger Jahre – zu Ohren gekommen sein, oder er hat sie auf nachmaligen Reisen hier und dort beobachten können.

Hingegen hat eine zweite Version mehr Wahrscheinlichkeit für sich: Sie besagt, daß Hohenheim erst um 1509/10 – etwa im Alter von sechzehn Jahren also – von Villach aus aufbrach, um ein Universitätsstudium aufzunehmen. Bis dahin wird er auf den Kloster- und Bergschulen sowie in den Schmelzhütten gelernt und auch handwerklich gearbeitet haben. Erstes Reiseziel ist wahrscheinlich Wien, dessen Universität seit 1365 besteht. Hier lehrt unter anderen der junge Schweizer Humanist und Freund Zwinglis, Joachim Vadianus (von Watt), der einige Jahre zuvor sich kurze Zeit in Villach aufgehalten hatte. Ihm widmet Paracelsus rund 20 Jahre später sein *Opus Paramirum.* Es ist anzunehmen, daß Vadianus den Stadtarzt Wilhelm von Hohenheim bei irgendeiner Gelegenheit dort kennengelernt hat. Dabei mag das Gespräch der beiden auch auf den vielversprechenden Hohenheim junior gekommen sein. Der Besucher wird dem Vater geraten haben, ihn bald auf eine Universität zu schicken. Als Vadianus dann Mitte 1509 eine Professur für Rhetorik und Poesie an der Wiener Universität erhält, ist es ausgemachte Sache, daß Theophrastus so schnell wie möglich nach dorthin ziehen soll, um die verschiedenen Disziplinen der Wissenschaft («artes») auf der «Artisten-Fakultät» zu erlernen. Hier wird vielfach noch in spätmittelalterlicher Lehrweise ein Wissen vermittelt, das im wesentlichen auf die Systeme des sogenannten «Triviums» und «Quadriviums» zurückgreift.

Ursprünglich ausgehend von der Einteilung des Aristoteles, der die Summe der Wissenschaften in Logik, Ethik und «Physik» (Naturphilosophie) unterteilt hatte, wurden im Mittelalter unter der Bezeichnung «Trivium» lateinische Grammatik, Rhetorik (als die Kunst der regelgerechten Disputation) und Logik bzw. Dialektik zusammengefaßt. In diesen drei Disziplinen sah man die eigentlichen Grundlagen aller Wissenschaftlichkeit. Das «Quadrivium» konnte anschließend hierauf aufbauen, indem es die Spezialfächer Arithmetik (Zahlenlehre und Rechnen), Geometrie, Astronomie und Musik (als reine Harmonie- und Proportionslehre) umfaßte. Auf diesen beiden Fundamenten des Triviums und Quadriviums ruhte das gesamte Wissen-

Das «Quadrivium». Nach dem allgemein-bildenden «Trivium» zweiter und vertiefender Studienabschnitt. Holzschnitt, um 1500

Musica

Astronomia

Arismetrica.

Geometria

Das Kastell zu Ferrara. 14. Jahrhundert

schaftsgebäude des Mittelalters. Sie waren für jeden angehenden Wissenschaftler vorgeschrieben. Er mußte in ihnen bewandert sein, wenn er zu einem Fachstudium, sei es als Jurist, Theologe, Astronom oder Arzt, zugelassen werden wollte.

Diese sogenannten «Sieben Freien Künste» oder «Artes liberales» wurden an vielen Hochschulen in abgewandelter Form auch noch zu Beginn des 16. Jahrhunderts gelehrt. Mit ihnen kommt der Student Theophrastus Bombast von Hohenheim bald schon in Berührung. Ihre allgemeine Kenntnis war eine der Bedingungen, um nachher in Ferrara sofort zum Fachstudium der Medizin zugelassen zu werden. Man kann daher voraussetzen, daß er in Wien während der rund drei Jahre seines Aufenthalts das Bakkalaureat, den untersten akademischen Grad, erworben hat. Im Jahre 1512 wird er wohl noch einmal nach Villach zurückgekehrt sein, um sich vom Vater für längere Zeit zu verabschieden. Dann tritt er die lange Reise nach Italien an, die ihn über Udine, Venedig und Padua schließlich nach Ferrara führt. Möglich ist auch, daß er den Umweg über Mailand wählte, um diese Kulturmetropole kennenzulernen.

Das Italien der Renaissance war das Land der großen und einflußreichen Fürstengeschlechter, deren Anspruch auf Macht und Würde nicht erst durch Machiavellis «Il Principe» bestätigt zu werden brauchte. Vor allem der Hof von Ferrara ist zu der Zeit, da Hohenheim sich dort aufhält, einer der mächtigsten und glanzvollsten. Eine völlig neue Welt tut sich ihm auf: *... ich bin gewachsen und ver-*

Lucrezia Borgia. Ausschnitt aus einem Fresko von Pinturicchio. Rom, Vatikan

pflanzt aus dem (einen) *garten in ein andern.* Prachtvolle Kirchen und die Paläste der Adligen umgeben das herzogliche Schloß der Este, von wo aus der hochgebildete Herzog Alfonso I. und seine Gemahlin Lucrezia Borgia das kulturelle Leben der Stadt bestimmen. Lucrezia ist es auch, die den berühmten Dichter Ariosto an den Hof zieht.

Neben der Pflege der Künste erstreckt sich das Mäzenat der Este hauptsächlich auf die Universität, die durch überaus großzügige Zuwendungen eine der besten Italiens wird. In ihren Mauern lernten Studenten, von denen manch einer später ein berühmter Gelehrter werden sollte. Kopernikus erwarb hier im Jahre 1503 den Doktorhut der

Die Universität von Ferrara

Rechtswissenschaften und der Theologie. Nicht zuletzt die medizinische Fakultät hat weit über die Grenzen des Landes hinaus den besten Ruf – großenteils deshalb, weil sie von den alten Autoritäten allmählich abrückt und eine neue Medizin auf empirischer Grundlage anstrebt. Dies gilt vor allem für zwei ihrer bedeutendsten Professoren, Nicolaus Leonicenus und Johannes Manardus, an deren Vorlesungen Hohenheim *unter den löblichen Gewölben zu Ferrara* von etwa 1513 an teilnimmt. Daneben hört er auch einige ihrer mehr konservativ eingestellten Kollegen, welche die überlieferte Medizin noch in der alten Lehrweise vortragen. So kann er progressive und traditionelle Lehrmeinungen und Methoden abwägen und miteinander vergleichen.

Wie an fast allen anderen europäischen Universitäten war es auch an der Medizinischen Fakultät der Hohen Schule zu Ferrara Brauch, aus den Werken der ehrwürdigen und als unfehlbar angesehenen griechischen und arabischen Autoritäten vorzutragen. Im Verlauf des

Mittelalters war ein System von eklektischen medizinischen Glaubenssätzen aufgestellt und daraus eine Lehrmethode entwickelt worden, die in nahezu unveränderter Form von Generation zu Generation übernommen wurde. Ein bestimmter Text wurde zunächst vorgelesen (daher das heute noch gebräuchliche Wort «Vorlesung») und danach in der Disputation zwischen dem Professor und seinen Hörern erläutert. Hierbei kam es vor allem darauf an, in diesem Rede- und Antwortspiel möglichst geschickt und klug zu argumentieren. Kritiken wurden kaum laut, denn wer konnte es wohl wagen, den Alten zu widersprechen? Klinische Kollegs in der einen oder anderen Form waren so gut wie unbekannt. So wurde ein steriler Dogmatismus gezüchtet, der jede eigene Initiative seitens der Professores oder der Studiosi unterdrückte.

Universitätsvorlesung im späten Mittelalter. Deckfarbenmalerei auf Pergament von Laurentius de Voltalina, Anfang 15. Jh. Ehemals Kupferstichkabinett, Berlin

Harnschau. Holzschnitt, 1512

Die allen Überlegungen zugrunde liegende Theorie war die sogenannte «Vier-Säfte-Lehre» (Humoralpathalogie) des griechisch-römischen Arztes Galenus (129–199 n. Chr.), der auch Leibarzt des Kaisers Marc Aurel war. Galenos' Leistung und Verdienst bestand darin, daß er als erster es unternahm, das gesamte medizinische Wissen seiner Zeit systematisch zu ordnen und zusammenzufassen. Nach seiner Anschauung, die bis weit in die Neuzeit hinein Gültigkeit besaß, enthält der menschliche Organismus vier Säfte oder «humores»: Blut, Schleim, gelbe Galle und schwarze Galle. Haben diese vier «Kardinalsäfte» im Körperhaushalt das rechte Gleichgewicht, so ist der Mensch gesund; wird es gestört, indem die eine oder andere Komponente überwiegt, dann ergeben sich hieraus mannigfache Krankheiten.

Wie nun glaubte man, diese heilen zu können? Nach dem Grundsatz, daß dafür nur eine der Erkrankung gegensätzliche Qualität anzuwenden sei, verordneten die Ärzte «kalte» Medikamente gegen «heiße» Krankheiten, und so fort. Dieses schematische System hatte die arabische Medizin in der Folgezeit zwar etwas modifiziert und verfeinert; es wurde jedoch in seinen Grundanschauungen weiterhin beibehalten. Die Medizinstudenten mußten also büffeln, wie heiß oder kalt, trocken oder feucht die jeweilige Krankheit sein konnte. Das Auflegen von kalten Kompressen gegen Fieber scheint eines der letzten Relikte dieser uralten Lehre zu sein.

Auch die praktische Ausbildung der angehenden Ärzte war äußerst dürftig. Sie beschränkte sich vornehmlich auf die sogenannte «Harnschau», die faktisch die einzige Diagnose darstellte. Der Urin des Kranken wurde in ein «Schauglas» bestimmter Form gefüllt und die Probe einige Zeit stehen gelassen. Daraus, an welcher Stelle des Glases sich ein Niederschlag absetzte, schloß man kühn auf den Körperteil, der von der Krankheit befallen war. Das «Wundeisen» zum Ausbrennen der Wunden und das Messer zum Aufschneiden von Geschwüren und dergleichen – dieses Instrumentarium überließ man den minder angesehenen «Chirurgen». Kein Wunder also, daß Paracelsus sich diesen später anschließt.

Immerhin – auch der Student Hohenheim muß sich in Ferrara wohl oder übel mit diesen Dingen beschäftigen, will er die vorgeschriebenen Examina bestehen. Eine originelle Bemerkung hierzu macht er rund fünfzehn Jahre später: *... das feuer* (soll) *hinweg werd genommen und nit mit kelte überwunden; als die vermeinten phisici* (Ärzte) *pflegen drei pfunt kelte an zwei pfunf hiz zu sezen oder fünf pfunt nesse an vier pfund drückne; ist gleich als einer, der da wolt ein holzhaufen, der da brennte durch die winterisch kelte nöten zu gefriren.*[36] Trotzdem ist er zunächst den weisen Professores ehrfürchtig gefolgt: *... hab am ersten den alten schriften gwaltig glauben geben und sie gleich dem Evangelio gehalten,* bis ihm klar wurde, *daß dieser glaub auf einen sant gestellt ist worden.*

Nachdem er das erkannt hat, wendet er sich allmählich von der alten Lehre ab und besucht von nun an auch die Vorlesungen der fortschrittlichen Hochschullehrer, um endlich *der arztney auf den grunt zu sehen.* Den Professoren Leonicenus und Manardus und ihren neuartigen medizinischen Anschauungen, die nahezu frei von Traditionalismus und Eklektizismus waren, gilt jetzt sein Interesse. Nach einer Theorie, die der amerikanische Psychologe und Verhaltensforscher McClelland entwickelt hat, orientiert sich der junge Mensch an sogenannten «Leistungsbildern», die auf seine Intentionen und den Leistungswillen direkt einwirken. Er entdeckte, daß, je stärker ein Student auf das Vollbringen einer Leistung hin motiviert wird, sein Bedürfnis nach Leistung («b Leistung») wächst. – Eine solche «b Leistung» werden zweifellos Leonicenus und Manardus in dem jungen Hohenheim geweckt haben. Diesem Sachverhalt verdankt er in den folgenden Jahren einen erheblichen Teil seiner Originalität.

N. Leonicenus hat sich als einer der ersten mit dem damals sehr aktuellen Problem der «Lustseuche» (Syphilis) des näheren befaßt. Er war es auch, der die «Aphorismen» des fast legendären griechischen Arztes Hippokrates als erster wortgetreu übersetzte. Beide Themenkreise spricht Paracelsus in seinem Werk ausführlich an. Sie umfassen in der Sudhoffschen Ausgabe zusammengerechnet 560 Seiten.

Den Hippokratischen Ausspruch, daß das Leben kurz, die Kunst aber lang ist, kommentiert Hohenheim: *Das unser leben kurz sei, mag niemants leugnen ... dan wir sind ein staub und schatten, die alle tag zergehen, und ein wasserblatter. darumb ist unser leben kurz gegen andern. golt, silber bleibt bis in das feur des ents. stein, salz desgleichen. der mensch aber bleibt nicht, hat den kürzesten termin und kein bestimte stunt ... Das die kunst lang sei ist also in einem weg. es ist angefangen worden zu suchen im anfang der welt, bis auf mein zeit ist noch kein end gefunden. die krankheit ist schnel, die kunst ist langsam; damit wird der kranke versäumt. dan die arzt haben der kunst kein end noch nicht, und das sie haben, ist so langsam, das die krankheit die kunst übereilet.*[37] Die letzten Sätze sind auch noch für die heutige Medizin von höchster Aktualität: Man denke nur an das Krebs-Problem.

Seine intensive Beschäftigung mit der *Franzosenkrankheit*, wie er sie nennt, zeigt das folgende, skizzierte Programm, das er mit viel Akribie und Sachkenntnis, aber auch mit Intuition und Phantasie durchführt: *so ist nun in* (diesem Werk) *kurz das fürnembst argument von den franzosen; und solchs in drei weg geteilt. im ersten erzele ich alle die arznei, so von den franzosen erzten gepraucht seind worden einander nach, in was weg sie irrig und falsch in der description, ordnung und brauch impostirt, in dem ich nit angesehen hab die gewonheit, den brauch, alt herkumen, noch die treflichen namen der erzten, sonder was nit tugenlich angezeigt. und acht, so dieselbigen recht erkent, ein treflichen nuz domit volpracht* (zu) *haben. wiewol niemants dodurch gesund wird, zu verhüten, aber das elend verderben, so bisher lang gewert, für ein groß kleinot zu halten ist. im andern* (Teil), *was im ersten irrig angezeigt und doch etwas nüzlich darunder vermischt, als wie der razen under dem weizen, dasselbig corrigirt und von der impostur gescheiden. im driten erman und erinner ich die erzt zu der barmherzikeit, von irem verderben abzustehen, und beschleuß mit dem, wie sie sollen die kranken, so durch arznei verderbt sein worden, widerumb aufbringen. zu solchem schreiben ursacht mich nit mein eigne not, dan ich und die meinen seind gesund, sonder die armen und die so zu schwerer verderbung kumen, frefenlich durch die arznei beschedigt.*[38]

Noch ein paar Anmerkungen zu dem «teuren, lobwürdigen» J. Manardus, wie ein Freund und Studienkollege Hohenheims, der spätere Augsburger Stadtarzt Wolfgang Thalhauser, ihn nennt: *dan was und wie vil Manardus umb gemeinen nuz der arznei halben sich bemühet, die irtumb auszureiten, nüzlichers anzeigend, ist es doch alles dem merern teil der vermeinten arzet ein gespötte und verach-*

Gelehrte Disputation. Zeichnung von Vittore Carpaccio, Anfang 16. Jh. Uffizien, Florenz

ung gewesen, dardurch (auch) *ich nit wenig angefochten bin...*[39] Dieser humanistisch gebildete Arzt war ein überaus kritischer Gegner der im medizinischen Bereich angewandten Astrologie, die damals merkwürdige Blüten trieb. Er bezieht sich bei seiner Kritik auf Pico della Mirandola, der diese «Astralmedizin» ebenfalls ablehnte. Von ihm angeregt, vertritt Manardus die Anschauung, daß jeder Mensch eine unabweisbare, von Gott verliehene Würde und Individualität besitzt. Astrologische Einflüsse lassen sich hiermit nicht vereinbaren. Der Arzt sollte sich dieser individuellen Würde seines Patienten bewußt sein, die für ihn Verantwortung und Verpflichtung sein muß. Von Manardus bezieht Hohenheim die ausgeprägte ethische Auffassung seines künftigen Berufs. Wenn ihr gemeinsamer Inspirator Pico schreibt: «Mitten in die Welt», spricht der Schöpfer zum Menschen, «habe ich dich gestellt, damit du um so leichter um dich schauest und sehest alles was darinnen ist. Ich schuf dich als ein Wesen, weder himmlisch noch irdisch, weder sterblich noch unsterblich allein, damit du dein eigener freier Bildner und Überwinder seiest...»[40], dann könnten diese Zeilen ebensogut von Parcelsus stammen.

Nicolaus Leonicenus. Holzschnitt von Giovio Elogia, 1577

Im Jahre 1516 beschließt er nach dreijähriger Dauer sein Studium zu Ferrara mit der Promotion zum *Doctor beder arzneyen,* wie er später mehrfach unterschreibt.[41] Gemeint sind Leib- und Wundarznei. Einige Autoren bezweifeln, daß er je promoviert hat. Sie sind der Ansicht, daß er – einem angeborenen Wandertrieb folgend – sein Studium wohl mehrfach unterbrochen habe und im Land umhergereist ist. Überdies sei es nicht seine Art gewesen, sich einem solchen akademischen Examen mit allen seinen umständlichen Prozeduren zu unterwerfen. Dem ist entgegenzuhalten, daß Paracelsus sich gehütet haben wird, unter Eid, wie es einmal geschah, oder gar dem König Ferdinand I. gegenüber diesen Titel ausdrücklich anzugeben. Später in Basel hatte er unter den Professoren viele Gegner und Feinde. Eine kurze Anfrage in Ferrara, in wenigen Wochen beantwortet – und der Schwindler wäre ein für allemal entlarvt gewesen. Bei Hohenheims Berühmtheit in den dreißiger Jahren wäre ein solcher Betrug irgendwann und irgendwo rasch bekanntgeworden.

Leider sind die Universitätsakten in Ferrara ausgerechnet für jene Zeit, da Hohenheim dort studiert hat, äußerst lückenhaft, so daß eine direkte Urkunde nicht vorliegt. Ein Brief des ehemaligen Ferra

Johannes Manardus. Holzschnitt von Giovio Elogia, 1577

rer Studiengenossen Thalhauser beginnt mit der Anrede: «Dem hochberümpten, vil erfarnen Herren Theophrasto von Hohenhaim, beider arznei doctori, seinem in sonder geliebten freunde ...»[42] Demnach muß dieser auch von der Promotion gewußt haben. Faßt man diese letzten hier vorgebrachten Argumente zusammen, so dürfte wohl kaum ein Zweifel darüber bestehen, daß Hohenheim tatsächlich an der Universität zu Ferrara den medizinischen Doktorgrad erworben hat.

Wanderjahre I: Auf den Strassen und Kriegsschauplätzen Europas

... größlich werd ich verachtet, darumb das ich mein tag nie kein bleibents ort gehapt hab ... hinder dem ofen zu sizen und über berg und tal wandern, ist ungleich und muß ie eins des andern contrarium sein ...[43] Wieder haben wir eine Lebensperiode Hohenheims vor uns, die noch großenteils im dunkeln liegt. Gemeint ist die Zeit von 1516, da der Doctor von Ferrara aufbricht, bis 1524, als er sich in Salzburg vorübergehend niederläßt. Wo er während dieser acht Jah-

re unter anderem gewesen ist, bezeugt er selbst: ... (bin) *gwandert gen Granaten* (Granada), *gen Lizabon, durch Hispanien, durch Engeland, durch den Mark, durch Prüchsen, durch Litau, durch Poland, Ungern, Walachi, Sibenbürgen, Crabaten, Windisch mark* (Krain), *auch sonst andere lender nit not zu erzölen* ...[44]

Zu Fuß und zu Pferd, auf den Karren der Fuhrleute oder den Kähnen und Booten der Schiffer durchzog er die Länder. In manchen Gegenden hat er mit allen möglichen Leuten irgendwelchen Ärger gehabt, denn *sie triben mich aus Littau, darnach aus Preußen, darnach aus Poland, war nicht genug. Ich gefil den Niderlendern auch nicht, den universiteten nicht, weder Jüden noch mönchen. Ich dank aber got, den kranken gefiel ich* ...[45] Vielleicht waren es auch politische Ereignisse, die ihn dort vertrieben haben.

Es kommt ihm auf diesen Reisen nicht so sehr darauf an, Land und Leute kennenzulernen; vielmehr hat er ... *in allen den enden und orten fleißig und empsig nachgefragt, erforschung gehapt, gewisser und erfarner warhaften künsten der arznei. nicht alein bei den doctoren, sondern auch bei den scherern, badern, gelerten erzten, weibern, schwarzkünstlern so sich des pflegen, bei den alchimisten, bei den klöstern, bei edlen und unedlen, bei den gescheiden und einfeltigen* ...[46]

Aber so ganz zufrieden war er mit den gesammelten Auskünften dieser Leute wohl nicht. Vielfach mögen sie einander widersprochen haben, so daß er schließlich zu dem Resultat kommt: ... *hab aber so ganz grüntlich nicht mügen erfaren, gewiß zu sein, es sei in was krankheit es wöll. hab im vilen nachgedacht, das die arznei ein ungewisse kunst sei, die nicht gebürlich sei zu gebrauchen, nicht bilich mit gelück* (zu) *treffen, einen gesunt machen, zehen dargegen* (zu) *verderben, das mir ein ursach geben hat, es sei ein betrugnuß von geisten, den menschen also zu verfüren* ...[47]

Was mag das für eine seltsame Medizin gewesen sein, die er von diesen Menschen so verschiedener Herkunft und verschiedenen Handwerks hier und späterhin gelernt haben will? Nun – wie Luther dem Volk «aufs Maul schaut», so befaßt sich Hohenheim auf seinen jetzigen und späteren Reisen immer wieder mit dessen Heilkunst. So lernt er allmählich die Volksheilkunde kennen; er erfährt sie im wahren Sinne des Wortes. Für ihn ist dies eine Bereicherung seines medizinischen und naturwissenschaftlichen Weltbilds, in erster Linie aber seines ärztlichen, handwerklichen Könnens. Um ein rechter, *wissend arzet* zu werden, muß er neben all dem akademischen Wissen, das ihm beigebracht wurde, auch die Heilmittel des gemeinen Volkes kennen, als da sind: ... *die hantwerksleut, die von irem werkzeug und damit sie handlen, versuchung geton haben. als die keßler, habent mit kupferschlag das blut gestelt, auch die flüssigen wunden mit ausgetrücknet, also auch die schmit mit dem verbrenten eisen, das crocus martis heißt, dergleichen in wunden gehandlet. also auch die hafner habent mit der silber- oder goltglett dermaßen auch erfarnus gehabt. solicher stuck sind vil, die der mensch wunderbarlich erfunden hat*

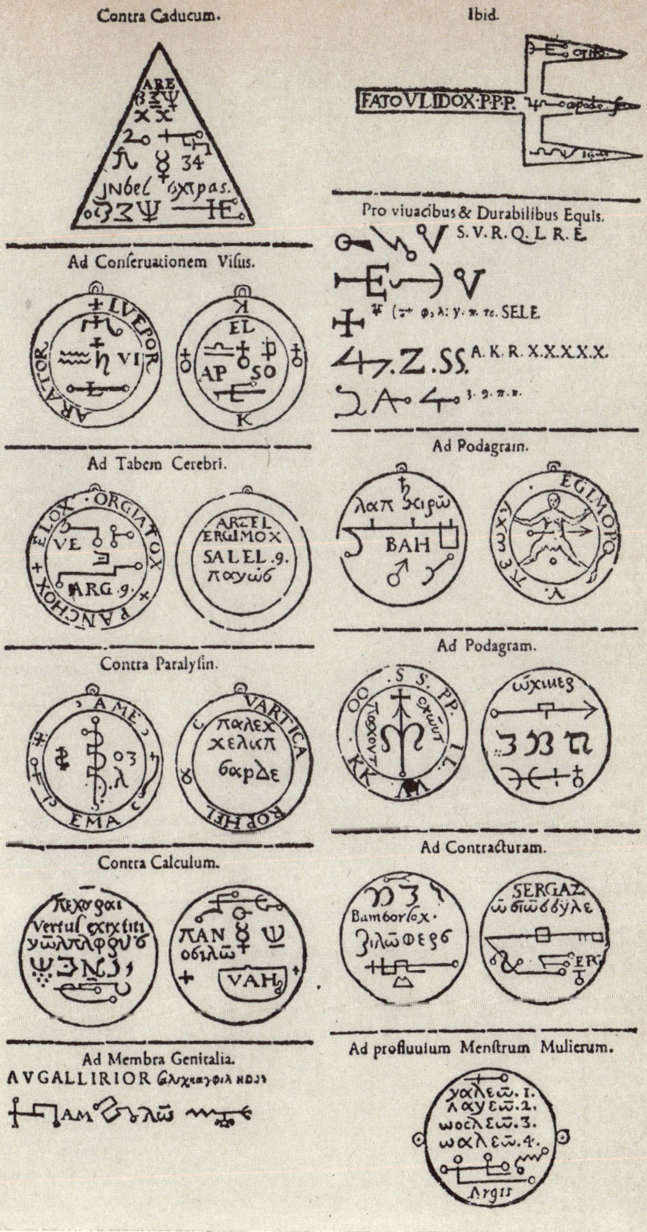

Kabbalistische Amulette,
wie sie damals auch in der Medizin gebräuchlich waren

«Feldarzt» (Militärarzt) mit verletzten Soldaten. Holzschnitt

und also ein experiment geheißen worden.[48] Natürlich sind es auch *... die alchimisten, die mancherlei versuchen und mancherlei inen zu handen stoßt, vilerlei experimenten erfaren, wölche nicht not zu beschreiben ...*[49] Ferner lernt er manches von den «praktischen» (Natur-) Philosophen, welche *... haben solche kräfte und natur beschriben, in wölchem schreiben sich begeben hat, das auch beschriben sind worden allerlei kreft der arznei, und dahin gebracht, das sie haben zusamen gesezt etlich stuck, damit vil stuck zusamen komen in ein leib*[50].

Die Rechtfertigung einer solchen Volksheilkunst ist für ihn deren *nuz und bewerung: diweil nun solche recepte bilich an tag koment und bilich ist, das sie nit verschwigen werden. dan die arznei sol nit sein in den erdichten arzeten, sonder sol bekant sein allen denen die außerthalb der erdichterei sind. dan nit von wegen großer schez zu samlen ist die arznei von got geschaffen, sonder von wegen der kranken hilf. dan sie heilen wunden, die ander arzneien oftmals zu schwer sind.*[51]

Hohenheim weist darauf hin, daß dieses unmittelbare Wissen und Können im Grunde so alt ist wie die Menschheit selbst: *solchs alles ist anfenglich bei den Aegyptern gewesen, die ... ire gamacheu* (Edelstein-Talismane; Gemmen) *genommen haben ...*[52] Das einfache Volk ist für ihn der Bewahrer all dieser Geheimnisse der guten, alten Zeit geblieben, da damals bei den «Magiern» ... *solche künst groß in würden gewesen. dieweil aber alle künst sophisticirt seind worden durch die erdichten und vermeinten gelerten, ist des rechten grunts wissen vergessen worden und das lappenwerk an die stat komen.*[53] Für ihn aber ist nur *das eine kunst, die sich mit den werken beweiset!*[54]. Immer wieder wendet er sich gegen die bloße Stubengelehrsamkeit, die *on erfarnus* auszukommen glaubt: ... *eigen fantasei lernt theoricum medicum nit; alein was die augen sehen und was die finger tasten, dasselbig lernet den theoricum medicum. damit ir solchs dester baß verstehet, merket ein exempel. es wer einer all sein tag in einem kloster auferzogen und het nichts mer gesehen dan den klosterbrauch, das ist wormit das kloster hantlet, was sein wesen art und gewonheit ist; derselbig wird auch nichts mer wissen dan den klosterbrauch. kompt eim solchen ein ander wesen an, er wüßte nichts darvon, er wüßt alein sein geigen. kompt im nun auch die krankheit ... herfür, so weiß er nichts von derselbigen zu sagen, alein was in sein klosterliche speculation gelernet ...*[55] Dieses letztere Zitat erinnert an das Höhlengleichnis Platons. Ob Paracelsus vielleicht daran gedacht hat, als er dieses «Klostergleichnis» zu Papier brachte? Wir können es nicht wissen.

Dies ist – in groben Umrissen – der innere Weg, den er während dieser Jahre geht. Seine Absicht ist, von allen den Dingen Kenntnis zu erlangen, die in irgendeiner Weise mit der Natur im allgemeinen oder der Heilkunde im besonderen zu tun haben. Dieser Intention liegt auch sein äußerer, geographischer Weg zugrunde, von dem er später sagt, daß er ihn mit *so vil beschwerter herberg und hunger, mit vil seinen verschmechlichen* (entwürdigenden) *zustenden* gegangen sei[56]. Den Verlauf seiner Reiseroute wollen wir im folgenden zu rekonstruieren versuchen.

Nach seinen eigenen Aufzeichnungen hat Hohenheim an einigen kriegerischen Auseinandersetzungen, wohl als Feldscher, teilgenommen.[57] Wir wissen, wann diese Kriege stattgefunden haben und können daraus seinen vermutlichen Reiseweg zwischen 1516 und 1524, wo er sich nachweislich in Salzburg aufhält, zusammenstellen.

Betrachten wir zunächst den von ihm erwähnten *Venedischen krieg*.

Es sind zwei kriegerische Ereignisse gewesen, die man beide als solchen bezeichnen kann: der erste war um 1516/17, der zweite 1522/23. Wahrscheinlich hat er als junger Doktor der Medizin an dem ersteren teilgenommen, also anschließend an seine Studienzeit. Es ging bei diesen Auseinandersetzungen um einige grenznahe Gebiete, die Venedig für sich beanspruchte und 1516 dem anderweitig bedrängten Kaiser Maximilian I. abnahm. Im darauffolgenden Jahr eroberte dieser die besetzten Lande mit verstärkten Truppenkontingenten wieder zurück.

An diesem Krieg nimmt Hohenheim als Militärarzt auf venezianischer Seite teil. Hierbei sammelt er, der bisher ohne wesentliche chirurgische Erfahrungen war, seine ersten Kenntnisse bei der Wundbehandlung blessierter Soldaten. Es kommt dabei nicht so sehr darauf an, das zu befolgen, was in den medizinischen Lehrbüchern steht. Diese erst nachzuschlagen, verbleibt oftmals kaum Zeit. Vielmehr ist aus dem jeweiligen Fall heraus das Richtige zu tun. Es gilt daher, mehr intuitiv zu handeln, wenn der Verwundete genesen soll. Dabei wird ihm die Summe seines ganzen bisherigen Wissens geholfen haben; angefangen von den Jugendtagen unter der Anleitung des Vaters bis hin zu dem, was ihm die Professoren beigebracht haben. Für eine «Harnschau» aber ist da kein rechter Platz. Sondern er muß zeigen, was er weiß und was er kann; er muß sich an vorderster Front der Krankheit bewähren. Wir dürfen annehmen, daß er diese erste Bewährungsprobe im großen und ganzen bestanden hat, wenngleich ihm auch mancherlei Fehler unterlaufen sein werden.

Nachdem der Krieg zu Ende ist, tritt er seine erste große Wanderung an, die ihn durch ganz Westeuropa führt. Er wendet sich zunächst – um den Ansichten des Paracelsus-Forschers B. de Telepnef in großen Zügen zu folgen [58] – über Rom und Salerno (bekannte medizinische Hochschule) nach Sizilien, wo er den feuerspeienden Berg Ätna besucht, dessen *verborgen feur* er bewundert, *das von keinem wasser ausgelescht wird* [59] und *der die stein zu kolen macht und hinweg frißt, und das on das feur im stein* [60]. Ein unvergeßliches Erlebnis, wobei er sich an seine Berg- und Hüttenwerkszeit erinnert, das Gestein erst das nötige «Feuer» haben mußte, um das Metall freizugeben.

In Sizilien schifft er sich wahrscheinlich nach Genua ein und gelangt von dort nach Montpellier, der alten südfranzösischen Weinhandelsmetropole. Er stattet ihrer weit über 200 Jahre alten Universität einen kurzen Besuch ab und unterhält sich wohl auch mit einigen Professoren. Seine Meinung über diese und ihre Kollegen zu Salerno, die er mehrfach im gleichen Zusammenhang erwähnt, ist nicht besonders hoch: *... etwan ist vermeint worden, das Mompelier das tor der arznei sei und* (auch) *Salern. und ist doch nichts von inen gebracht worden, als allein ein rots barettlein ...* [61] Er verwirft den akademischen Pomp, den *ir so mit großen eren begehen in den Mompelirischen schulen, und das auch die Salernischen den beschluß* (diese Meinung) *bei mir finden,* (welche) *iren patron* (Dekan) *so*

Holzschnitte aus dem 1517 erschienenen «Hortus Sanitatis». Von oben nach unten: Kräuteraufguß; Gewinnung von Petroleum («Steinöl») gegen Arthritis; Gewinnung von Arsenik; Präparierung von Quecksilber zur Behandlung der Syphilis

gar verwerfen mag[62]. ... *Dan es ist ein großer irsal und stets übel, das so vil ... arzte ... nemlich zu Mompelier, Salerna, Paris, die da wöllen vor allen den kranz* (die Ehre) *haben und iedermann verachten und doch selbst nichts wissen, noch können ...*[63] Man solle selbst ermessen, meint Hohenheim, ob ... *sich noch zwen esel solten verwundern ob den Mompelirischen und Salernischen und allen andern arzten,* (die) *so lang in iren büchern gelegen sind ...*[64] So kommt er zu dem Schluß, daß ... *Salerna und Mompelier* (so sind), *das kein arzet gut wird, er fülle dan mit seiner mörderei etliche kirchhöfe vol*[65].

Auch an den dortigen Apotheken läßt er kein gutes Haar, wenn er schimpft, daß ... *die sudlerei, wie die Mompelirischen apoteker hantlen, ist keine kunst, sonder sudelwerk.* (Sie) *bereiten ir recept aus mist und haben von anstant und wissenschaft beinah alles vergessen.*[66] Diese seine erst späterhin gemachten Äußerungen sind insofern recht interessant, weil sie zeigen, daß schon der junge Arzt Hohenheim sich sehr kritisch mit den Zuständen auf den jeweiligen Hohen Schulen auseinandergesetzt hat.

17

18

19

20

Von Montpellier aus geht es bald weiter, vermutlich eine Weile entlang der Mittelmeerküste nach Spanien, wo er unter anderem in Barcelona, Granada, Córdoba und Sevilla kurz verweilt. Hier jedoch enthält er sich offenbar einer schärferen Polemik gegenüber den spanischen Ärzten und Gelehrten, obgleich er sich darüber wundert, daß sie von den *griechischen* Schriften des Avicenna und Averroës beinahe so viel halten wie von den *evangelisten.* Nicht lange danach, und wir finden ihn schon (via Algerien?) in Lissabon. Dort kommt er mit dem erregenden Fluidum des Entdeckungseifers einer «Neuen Welt» in Berührung. Fremdartige, ihm bis dahin unbekannte Arzneimittel lernt er kennen, seltsame Kräuter und Gewürze. Man kann sich unschwer vorstellen, wie ihn diese bunte Szenerie in der Hafenstadt bewegt haben wird. Die Portugiesen suchten nach neuen Wegen über die Meere; er erforscht neue Wege in der Heilkunst.

Über Salamanca und Valladolid mit ihren berühmten alten Universitäten wandert er über die Pyrenäen und kommt endlich nach Toulouse; von dort aus geht es weiter nach Paris. Errechnet man die ungefähre, von Hohenheim zurückgelegte Reisestrecke von Genua aus über Südfrankreich, Spanien, Portugal und Nordfrankreich bis Paris, so kommt man auf fast 5000 Kilometer. Eine beachtliche Leistung, wenn man die damaligen Verkehrsverhältnisse bedenkt sowie die Verkehrsmittel, die ihm in beschränktem Maße zur Verfügung standen.

In Paris hält er sich für einige Zeit auf. Ob er auch als praktizierender Arzt tätig war, ist fraglich, doch wird dies von einigen Forschern bejaht. An der ehrwürdigen, im Jahre 1253 gegründeten Sorbonne nimmt er jedoch sehr wahrscheinlich an einigen Vorlesungen und Seminaren teil. Freilich, was er dort hört, gefällt ihm wenig, denn zu dieser Zeit war die dortige medizinische Fakultät eine Hochburg mittelalterlicher Denk- und Lehrweise. Wir wissen inzwischen, wie Hohenheim hierüber urteilte. Rund zehn Jahre später – in Erinnerung an all das, was er auf den verschiedenen Hochschulen gesehen und erlebt hat – beschwört er seine Kollegen eindringlich, dieses alte, ausgediente System endlich beiseite zu schieben und fordert: *... ir müsset mir nach mit euerem Avicenna, Galeno ... und ich nit euch nach; ir mir nach, ir von Paris, von Montpelier, von Salern, von Wien, von Cöln, von Wittenberg und all ir in der summa, und keiner muß ausgenommen sein, im hindersten badwinkel nicht bleiben ...*[67]

B. de Telepnef bemerkt in diesem Zusammenhang: «Seine Heilmittel und Methoden [waren] für Paris neu und gefielen schon deshalb den Pariser Doktoren nicht. Sie machten ihm das Leben während seines Aufenthaltes in Paris bitter. Sie verfolgten ihn während seines ganzen Lebens, sogar nach seinem Tode. So war z. B. ein Erlaß der Pariser Universität erschienen, der es verbot, unter Androhung der Zurückziehung des Doktorgrades, die paracelsischen Heilmittel und Methoden anzuwenden. Paracelsus schonte auch seinerseits die Pariser nicht. Er schimpfte über sie ungeniert, zuweilen in der gröbsten Form.

Belagerung einer Stadt.
Ausschnitt aus einem Fresco von Giorgio Vasari, Mitte 16. Jh.
Florenz, Palazzo Vecchio

Man spürt, er war nicht nur enttäuscht, er war entrüstet und empört.»[68]

In dieser Stimmung verläßt er gegen Ende 1518 die französische Metropole und wendet sich nach Calais, das damals noch in englischem Besitz war. Ob für ihn hier schon das *Engeland*, das er erwähnt, zu Ende war, ist wohl nicht anzunehmen. Sehr wahrscheinlich setzt er über nach Dover, worauf sich vielleicht die folgende Empfehlung bezieht: *Wenn Du auf dem hohen Meer bist und nicht kotzen willst, nimm «sal peregrinorum».*[69] Er besucht London und wandert dann auf der Insel umher; hier schaut er sich eine Stadt an, dort möglicherweise eine Tuchfabrik. Sogar bis Irland und Schottland soll er gekommen sein. Bald danach betritt er wieder das Festland, wo bereits neue Abenteuer auf ihn warten.

In den Niederlanden hatte sich inzwischen eine antiburgundische Bewegung gebildet, die unter der Führung des Herzogs von Geldern gegen den Thronerben Karl V. offen rebellierte. Im Jahre 1519 kommt

es zu Kämpfen, an denen Hohenheim – wieder in seiner Eigenschaft als Feldarzt – teilnimmt. Ein Jahr später begleitet er den Dänenkönig Christian II. auf einem Feldzug gegen die Schweden, welche aus der «Kalmarer Union», einem politischen Interessenbündnis zwischen Dänemark und Schweden, ausscheiden wollen. Nachdem er auch diesen Krieg miterlebt und offensichtlich heil überstanden hat, zieht er wieder auf Wanderschaft, diesmal durch Osteuropa, um die *mitternächtlichen landen* kennenzulernen. Seltsame Dinge hat er dort erlebt ... *das sich wol zu verwundern darob ward. ich hab gesehen zu griechischen Weißenburg ein Walachen der gab nicht mer dan ein trunk zu trinken und heilet damit ein iegliche wunt und stich, wiewol das ist, das eben dieselbig kunst mit einem ieglichen, nicht an allen enden, nicht in allen wunden gewiß war ... ich hab auch in Crabaten gesehen von einem Zigeiner, der nam ein saft von einem kraut, gab in auch zu trinken ein mal; was leibstich warent in die tiefe, die warent von einem trinken geheilt, was aber zun zufellen geneigt ward, in selbigen hat es kein krefte. ich hab auch gesehen zu Stockhalma in Denmarck ein wunttrank bei einer edlen frauen: ausgenommen was beinschrot- oder geederwunden warent, die waren mit drei trünken geheilet.*[70]

Er durchstreift Schweden, wo er Erfahrungen in den Metall-Minen sammelt (*Von der Bergsucht ...*). Von dort geht es dann weiter. Er berichtet, daß er in Brandenburg, Danzig, Preußen (Ostpreußen), Wilna„ Polen, Litauen (Westukraine), Siebenbürgen, Ungarn und Kroatien gewesen sei. Bei diesen Streifzügen mag er manchmal sogar in

Stockholm. Stich, 1572

örtlich begrenzte Streitigkeiten geraten sein, denn er schreibt einmal: *Nun aber leser las dich nit abwendig machen ... noch weniger laß dich entsezen ob mir, das sie sagen, ich sei dreimal im gefengniß gelegen, ich habe vil krieg durchlaufen, ich habe vil freventlich geschlagen und anders mer; nichts ist verlorn dan was neben ab ist gangen. Aber sie solten nicht trauren umb das, das geschehen ist.*[71]

Zum Schluß dieser Besprechung der Hohenheimschen «Welt»-Reisen sei noch angeführt, daß er sich möglicherweise in Athen und auch auf Rhodos aufgehalten hat. So erwähnt er diese Insel unter anderem in einem Rezept und bemerkt, daß diese Vorschrift auch *ist zu Rodis ein gemeiner brauch*[72]. Die Zeit für seine dortige Anwesenheit läßt sich nicht festlegen, doch muß es in jedem Fall vor 1522 gewesen sein, da in diesem Jahr die Festung von den Türken erobert und besetzt wurde. Es wäre möglich, daß er kurz vor oder kurz nach seiner Teilnahme am *Venedischen krieg*, also etwa um 1516/17, dort gewesen ist.

Im Verlauf des Jahres 1524 kommt Hohenheim in die Kärntner Heimat zurück. In Villach besucht er den Vater, der immer noch dort wohnt und nach wie vor seinen ärztlichen Pflichten nachgeht. Der Sohn, der in fast ganz Europa sich umgetan hat, ruht hier eine Weile aus. Es gibt vieles zu erzählen, mancherlei Geschichten und Erlebnisse zu berichten. Der Vater wird ihm wohl geraten haben, jetzt endlich, nach all den Jahren des Herumfahrens, seßhaft zu werden und eine Praxis zu eröffnen. Theophrastus stimmt zu. Doch in Villach und der näheren Umgebung findet sich hierfür keine Möglichkeit. Daher macht er sich eines Tages auf, um weiter nördlich sein Glück zu versuchen.

In Salzburg bietet sich ihm endlich eine Gelegenheit, seinen Beruf auszuüben. Im Sommer 1524 kommt er dort an und richtet sich eine Praxis ein. Daneben beginnt er damit, sein inzwischen angehäuftes, vielfältiges Wissen zu ordnen und in ersten Entwürfen zu Papier zu bringen. Etwa seit 1519/20 arbeitete er unablässig daran, wie und wo sich gerade die Gelegenheit hierzu bot. Hier in Salzburg entstehen nun daraus die *Elf Traktat von Ursprung, Ursachen, Zeichen und Kur einzelner Krankheiten.* In diesen pathologisch-therapeutisch angelegten Ausarbeitungen, die uns als Fragmente vorliegen, beschäftigen ihn hauptsächlich Stoffwechselkrankheiten, Kontrakturen sowie neurotische und psychische Erkrankungen.

Ferner verfaßt er das *Volumen medicinae Paramirum* ..., worin er sich mit einer neuartigen Krankheitsätiologie auseinandersetzt: Nach seinen Vorstellungen gibt es fünf *Entien* (Seinsweisen), deren Einflüssen der erkrankende Mensch unterliegt. Somit erfolgt auch die Heilung *in fünferlei weg*, wobei ein dynamisches Lebensprinzip, das dem Menschen innewohnt und das Hohenheim als *Archeus* bezeichnet, eine tragende Rolle spielt: Funktioniert der Archeus in der rechten Art und Weise, so ist der Mensch gesund; anomale Funktion bedingt seine Erkrankung: ... *darnach ein ietlicher mensch ein geist*

Salzburg. Aquarell, 1553. Stadtmuseum, Salzburg

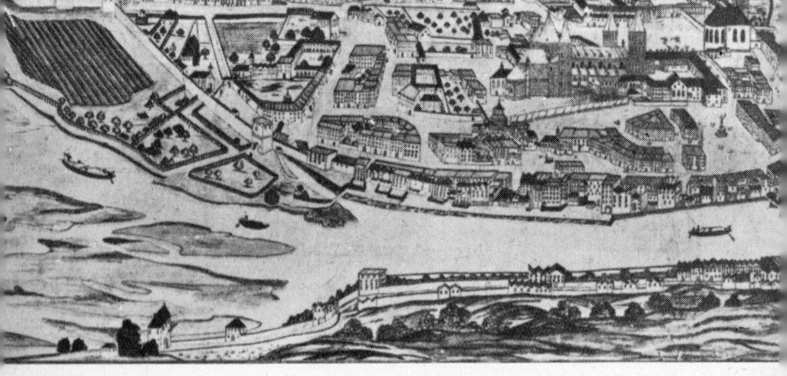

hat, darnach ist er geschikt auf ein ding, und darnach er geschikt auf das selbige ding ist, darnach hat er glück. das ir disen geist verstehet, so ist er als ein archeus (gemeint) . . .[73]

Was nun die fünf Entien betrifft, so sagt er am Anfang der Schrift über deren Wirkungsweise summarisch folgendes: *Die erst facultas oder sect heißt naturales* (*Ens naturale*) *aus ursachen sie arzneien alein nach der natur des gewechs, wie die concordanzen zusamenstimen . . . diser secten sind* (auch) *gewesen Avicenna, Galenus, Rasis und ire ausleger und dergleichen. – Die andere sect heißent specifici* (*Ens veneni*, des Giftes), *aus ursachen das sie durch formam spezificam und durch ens spezificum heilen alle krankheiten. als ein exempel: der magnet zeucht eisen an sich, das er nit tut aus der natur seiner qualiteten, alein specifica. also heilen die arzet alle krankheiten in der cur specifica. deren sind gewesen die experimentatores und die ir nennet empiricos von wegen euers gespöts . . . Die dritten heißen characterales* (*Ens astrorum*), *aus ursachen durch ir character machen sie alle krankheiten gesunt . . . in solcher kraft, als wan einer einem gebeut zu laufen und der lauft, das geschicht mit dem wort. also ist das auch durch das wort, das ist ein character. und ire anfenger sind gewesen und gebraucher Albertus Magnus, astrologi, philosophi und deren vil mer. – Die vierten heißen spirituales* (*Ens spirituale*), *aus ursachen daß sie den geisten der kreutern und wurzeln gebieten und bezwingen können, den kranken zu erledigen, den sie gefangen haben und krenkt . . . deren secten sein vil, deren nicht namen ist, als Hippocrates und andere. – Die fünften heißen fideles* (*Ens deale*), *aus ursachen das sie die krankheiten durch den glauben gesunt machen, als der da glaubt der warheit und wird gesunt, als Christus und sein jünger getan haben.*[74]

Damit faßt er die nachstehenden Krankheitstypen zusammen: 1. konstitutionelle Leiden, 2. Vergiftungen aller Art und Infektionskrankheiten, 3. klimatisch-kosmische Einflüsse, 4. psychisch bedingte Erkrankungen und 5. das Walten der göttlichen Fügung beim gesamten Verlauf der Krankheit.

Der junge Arzt wohnt «in Wolfgang Büchlers Behausung in der Kumpfgasse», wie eine Urkunde ausweist. Doch schon wenige Monate darauf muß er die Stadt an der Salzach wieder verlassen, da er mit den Bauern, die um ihre soziale Stellung kämpfen, sympathisiert. Denen, die ihn darob anklagen, hält er entgegen: *Ihr klaget sehr und fast, ich hab euch die Bauern widerspennig gemacht, daß sie nimmer opfern und wenig auf euch halten und schier gar nichts. Gedenket, wenn mein Red aus dem Teufel wär, so folgten sie euch und nit mir. Was ich geredet habe, das ist aus dem heiligen Geist, also: es ist das Evangelium.*[75] Seine Habe läßt er fast vollständig zurück, darunter *zwey Feuer Bänck, Bichsen und Glässer, Salm* (Salben) *und Wasser zu der Arzney, Bücher und auf einem kleinen Pergament der Zirckel der Welt, auch Sonn und Mond gemahlet, ferner Röcke und Kleider*[76].

Donau aufwärts wandert er durch Schwaben in Richtung auf den Oberrhein zu. Auf diesem Weg behandelt er den Markgrafen Phi-

lipp I. von Baden, an dessen Hof er kurze Zeit verweilt. Der Fürst litt an Dysenterie, einer ruhrartigen Darmentzündung. Einige Jahre danach kommt Hohenheim auf diesen Fall zurück: *und wie sie im herzen warent, solche ires gleichen gefunden und zu behilf genomen die undankbarkeit und die bezwungni bezalung, so mir wider alles zusagen und verdienen geben ward und empfahen müssen durch marggraf Philippen von Baden, den ich nach allem verderben seiner leibarzeten außer der dysenteria erlöst hab im lezten seines lebens, do* (er) *mir zugesagt fürstliche belonung,* (ist er mir) *unfürstlich begegnet ... welches fürsten undankbarkeit und unfürstliche belonung meinen ... feinden ein freud war und ein stichblat wider mich ...*[77]

Nach einigen Umwegen und kleineren Aufenthalten in einigen Badeorten, über deren heilkräftige Thermalquellen er späterhin ausführlich berichtet, gelangt er schließlich in das oberrheinische Gebiet und trifft im Verlauf des Jahres 1526 in Straßburg ein. Diese der reformatorischen Bewegung zugeneigte Reichsstadt im Elsaß war um jene

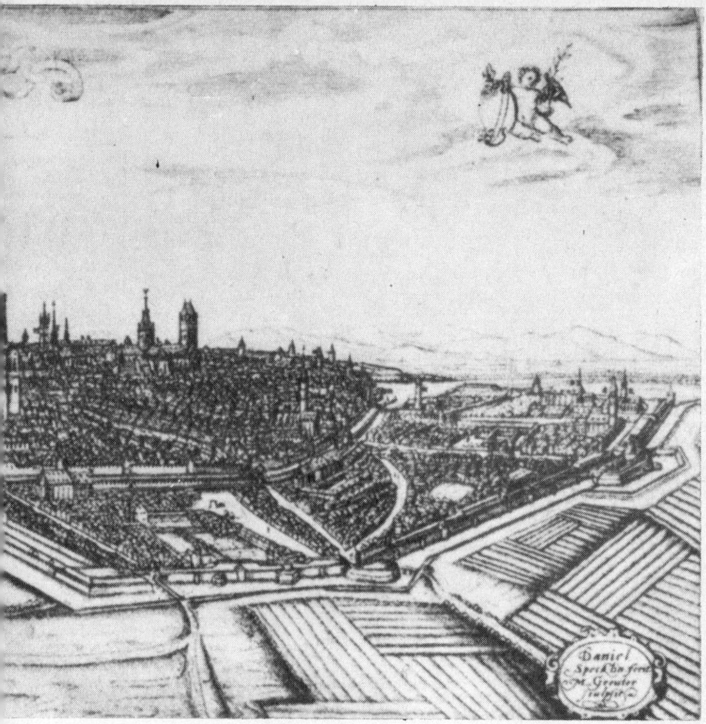

Straßburg. Stich von Daniel Specklin, 1587

Zeit eine Art Zufluchtsstätte für manchen freisinnigen Geist. Hier ließ es sich freier atmen, und man konnte seine Gedanken ungehindert in einem Kreis Gleichgesinnter ausspinnen.

So ist es weiter nicht verwunderlich, daß der mittlerweile dreiunddreißigjährige Hohenheim sich gerade diesen Ort aussucht, um nach zehn Jahre andauernder Wanderschaft hier nunmehr endlich auszuruhen und eine ärztliche Praxis zu eröffnen. Bald schon beantragt er das Bürgerrecht der Stadt. Am 5. Dezember des gleichen Jahres wird er dann in das Bürgerbuch eingetragen: «Item Theophrastus von Hohenheim der artzney doctor hatt das burgrecht kaufft und dient zur Lutzernen.»

Der Berufsgilde der «Lutzerne» gehörten neben Kornhändlern, Müllern und einigen anderen Kaufmannsschichten auch die niederen Wundärzte an. Der Stand der Wundärzte bzw. Chirurgen setzte sich nicht nur aus studierten Männern zusammen, die wohl in der Minderheit waren, sondern ihm gehörten auch zwielichtige Gesellen an, wel-

Johannes Oporinus, Schüler des Paracelsus. Zeitgenössischer Stich

che die Wundbehandlung als ein bloßes Handwerk betrieben und die Kranken manchmal auch dementsprechend kurierten. Es mag uns unverständlich erscheinen, daß sich Schmiede, Bader, Bartscherer, ja sogar Henker in diesem Metier nicht selten auch mit Erfolg erprobten. Nun – zu dieser Schar gesellt sich auch der Doctor Theophrastus, der sich mit Leuten solchen Schlages seit jeher ganz gut verstanden hat. So hält er es auch in Straßburg lieber mit denen, welche die Volksmedizin vertreten. Sie stellt für ihn einen reichen Schatz unverfälschten Erfahrungsgutes und eine unerschöpfliche Quelle für die Heilung menschlicher Gebrechen dar. Die Repräsentanten des von ihm heftig abgelehnten konservativen und stagnierenden Wissenschaftsbetriebes sind ihm ohnehin verhaßt, wenngleich sich die progressiven Kräfte auch in Straßburg allmählich immer energischer durchsetzen können.

Daß Hohenheim der weniger angesehenen Gilde der «Lutzerne» beitrat, mochte jedoch noch andere Gründe haben. Es ist durchaus möglich, daß er von der orthodoxen akademischen Ärzteschaft von vornherein abgelehnt wurde; einmal deshalb, weil sie einen solch hartnäckigen «Reformator medicinae» in ihren Reihen keinesfalls dulden konnte; zum anderen aber auch, weil seine heftigen Angriffe auf die Schulmedizin einen näheren Kontakt zu den Vertretern eben jener Richtung unmöglich machten.

Im Frühjahr 1527 erreicht Hohenheim in Straßburg eine Nachricht

Johannes Froben. Zeitgenössischer Stich

des weithin bekannten Verlegers Johannes Froben aus Basel, der an einer schmerzhaften Beinaffektion litt. Die örtlichen Kapazitäten, unter ihnen vermutlich auch der Dekan der Fakultät, Oswald Baer, hatten vergeblich versucht, das Leiden zu heilen. Sie rieten daraufhin dem Patienten zur Amputation des Beines, damit Schlimmeres vermieden werden könne. Die letzte Hoffnung Frobens richtet sich nunmehr auf den fähigen Straßburger Medicus, von dessen neuartiger Therapie und den Erfolgen, die er allenthalben damit erzielte, man gehört hat. Das ist erklärlich, denn ein Schüler des Paracelsus, der nachmalige Professor der griechischen Sprache Johannes Oporinus, überliefert uns, daß dieser in vielen Gegenden der elsässischen Bevölkerung wohlbekannt war, die von fern und nah zu ihm kam, um seine Diagnose und seinen Rat zu hören.

Als Hohenheim auf Bitten des Kranken hin in Basel eintrifft, wird er schon mit Ungeduld erwartet. Er untersucht ihn gründlich und verordnet anschließend einige seiner speziellen Arzneien. Der Erfolg ist verblüffend; er überrascht selbst die Skeptiker: Binnen kurzer Zeit erholt sich der Verleger zusehends. Bald fühlt er sich so gesund, daß er entgegen dem Rat seines neuen Arztes beschließt, zu einer im Frühjahr in Frankfurt stattfindenden Buchmesse zu reisen.

Diese medizinische Meisterleistung des jungen, erfolgreichen Arztes sollte den künftigen Abschnitt seines bewegten Lebens bestimmen und für ihn von weitreichender Bedeutung werden.

Nach der Aufsehen erregenden Heilung des Verlegers Froben reist Hohenheim wieder nach Straßburg, seiner neuen Wahlheimat, zurück. Dort erreicht ihn bald ein Schreiben des Erasmus von Rotterdam. Der Gelehrte kränkelte seit längerem und hatte bereits namhafte Ärzte konsultiert – doch offenbar ohne größeren Erfolg. Da er bei Froben wohnte, hatte er aus nächster Nähe miterleben können, wie dessen Genesung rasche Fortschritte machte.

Nun wendet auch er sich an den jungen Arzt und bittet um eine Diagnose. Hohenheim erkennt die Krankheit und verfaßt daraufhin ein schriftliches Konsilium, in dem er die einzelnen Krankheitsursachen, also die ätiologische Seite der Beschwerden, darlegt. Dabei hält er sich anfangs noch halbwegs an die gängigen Auffassungen der Schulmedizin, entwickelt dann jedoch eigenständige Ansichten, mit denen er das Krankheitsbild zu erklären sucht.

Im letzten Abschnitt des lateinisch verfaßten Antwortbriefes Hohenheims lesen wir: *Die dritte Krankheit ist eine gewisse Materie, ulzerierte Fäulnis oder Phlegma, vielleicht Harnschlacke oder Gefäßstein oder eine schleimige Flüssigkeit. Es ist gelöstes Fett, wie es von der Kraft des Salzes zu einem Kieselstein koaguliert wird. Ich habe nicht gesehen, daß dieser Stein bei Dir schon entstanden ist, aber ich glaube, daß ein schädliches Marmormineral sich in Deiner Niere absetzt. Es ist ein Tartarus* (*... sub nomine rerum coagulatarum*, wie es im Originaltext heißt).[78]

Die Bezeichnung «Tartarus» ist ein neuartiger, von Hohenheim geprägter Begriff, den er seinen alchimistischen Vorstellungen entlehnte, um bestimmte Krankheitserscheinungen beim Menschen deuten zu können. Interessant an diesem Vorgehen ist, wie eng sich bei ihm manche alchimistischen Beobachtungen mit seinen medizinischen Überlegungen zu einem unlösbaren Ganzen verweben. Verfolgen wir daher kurz, was er unter «Tartarus» versteht.

Er ging dabei von einer alltäglichen Beobachtung aus. – Bei einem Wein, der längere Zeit gelagert ist, kann man beobachten, daß er einen kristallinen Satz abscheidet, der zum überwiegenden Teil aus Weinstein besteht. Der Chemiker zählt dieses Salz zur Gruppe der sogenannten Tartrate – daher auch der Name.

Hohenheim hatte diese Ablagerungsprozesse ebenfalls beobachtet und übertrug sie nun bildhaft auf den Menschen, in dessen Organen ebensolche Ablagerungen schmerzhafte Erkrankungen hervorrufen können. In einer seiner frühesten Schriften, *Von den tartarischen oder Steinkrankheiten samt deren Heilung*, erklärt er recht anschaulich deren Ursprung und Wesen: *Alles das, so außerhalb unsern cörpern ist, des wir genießen und gebrauchen, wird aus dreien materialischen dingen geformirt ... solche drei ding werden in der natur also grob, das sie nimer on faeces nit wachsen, und haben alle mal eine wiltnis in inen, die inen in irer substanz verborgen ligen, aus deren die tartarischen krankheiten entspringen. als der rauch*

Erasmus von Rotterdam. Zeichnung von Albrecht Dürer, 1520. Louvre, Paris

vom feur, der ungreiflich ist, hat doch in im eine substanz, die sich vergleicht den steinen, aus der ursachen, das er ein leichten corpus hat, der nit sich vereinigt mit dem feuer... solcher rauch, so er den inwendigen leib berürt, so resolvirt er sich etwan in ein wasser und gehet durch den harn hinweg oder macht andere krankheiten. so er aber der eigenschaft nit wer, zu resolviren sich... so sezt er sich... also lang bis er sich coagulirt zusamen.[79] *So... wollen wir uns weiter zu erkennen geben, was die tartarischen krankheiten seind... so nennen wir die tartarisch, die als ein tartarum in dem leibe wachsen: als podagra gleich wie die steinlin, runt, geflözet, geecket, und in ander vil wege sichtbar und entpfindlich... darnach als das grieß, das sich in die nieren und in die blatern sezt und an anderen enden. dornach als die reißenden stein und fixen stein, und blater- und nierenstein, die da alein an den zweien enden ligent.*[80]

Er zählt dann noch einige andere Stellen des Körpers auf, wo sich solche Koagulate ablagern können: in den Poren der Haut, des Fleisches und der Gebeine, ferner in den Adern, Arterien und Nerven.

Die grundlegende Erkenntnis, daß der menschliche Organismus nicht nur die Nahrungsstoffe aufnimmt und als Exkremente in veränderter Form wieder ausscheidet, sondern daß daneben auch Rückstände aus der Nahrungsaufnahme in ihm verbleiben, stellt eine der wichtigsten Leistungen Hohenheims dar.

Damit wird er zum Wegbereiter der Lehre vom Stoffwechsel, die gerade in unseren Tagen eine wichtige Rolle spielt. Nach den heutigen Kenntnissen würde man die «Tartarischen Krankheiten» unter den Begriffskomplex «harnsaure Diathese», einer Störung des Harnsäure-Stoffwechsels, die zu gichtigen Erkrankungen führt, einordnen.

Aus dem für Erasmus geschriebenen Konsilium geht demnach hervor, daß dieser unter einer solchen oder ähnlich gelagerten Krankheit litt. Dem Dankschreiben des berühmten Humanisten entnimmt der Leser die Hochschätzung, die dieser dem Arzt daraufhin entgegenbringt. Es heißt da unter anderem:

...In den gegenwärtigen Tagen habe ich nicht Zeit zu einer Kur, nicht einmal zum Kranksein oder zum Sterben, so tief sitze ich in meinen Studien drin. Doch wenn Du etwas hast, was mir mein Leiden lindern könnte außer der körperlichen Auflösung, bitte ich, es mir mitzuteilen. Ist dies nicht tunlich, bitte ich Dich, daß Du das, was Du allzu kurz nur angedeutet hast, in aller Kürze klar legst und Arznei verschreibst, die ich, sobald ich Zeit finde, gebrauchen will. Ich kann Dir keine Entlohnung versprechen, die Deiner Kunst gleich käme, dankbare Gesinnung aber verspreche ich Dir. Den Frobenius hast Du aus der Hölle wieder heraufgeholt, das ist die Hälfte meiner selbst. Wenn Du auch mich wieder in die Reihe bringst, wirst Du uns beide miteinander wieder herstellen. Möge das Geschick Dich hier in Basel festhalten. Dies in der Eile Hingeworfene hätte ich gerne, daß Du's lesen kannst. Lebe wohl.

Erasmus von Rotterdam, eigenhändig.[81]

Ein kurzer Satz am Ende dieses Briefes läßt aufmerken: «Möge das Geschick Dich hier in Basel festhalten». Offensichtlich waren einflußreiche Kreise, die allerdings nicht der Universität angehörten, sehr daran interessiert, den erfolgreichen Arzt nach Basel zu holen. Hatte die Heilung des Verlegers nicht gezeigt, daß seine ärztliche Kunst da erst anfängt, wo die seiner Kollegen längst schon aufgehört hat? War er nicht der geeignete Mann, der – obgleich nicht engagiert – so doch den reformatorischen Ideen nahestand? Und schließlich: Bekämpfte dieser mutige Mann auf seinem Fachgebiet nicht denselben unseligen Geist scholastischer Buchgelehrsamkeit, wie sie, die aufgeklärten Humanisten?

Überdies scheint man auch in Straßburg trotz mancher Widersacher mit dem Doctor Theophrastus recht zufrieden gewesen zu sein. Aus seiner oberrheinischen Zeit ist uns das folgende Loblied eines Valentius A. Sileranus erhalten, das man in Basel mit Aufmerksamkeit gelesen haben mag: «Nach dem und ich durchgelesen hab die lateinischen bücher des großen philosophi und medici Theophrasti, in der arznei und in der philosophei ... erfinden sich die schriften Theophrasti, gruntlicher und gewarsamlicher auslegung, dan die geschrift Avicennae oder Hippocratis oder des Galieni. auch sind seine recept scherpfer ergründet und bewert dan die recepten ... anderer der alten ... sein meinung in allen seinen büchern vor der arznei concordirt nit mit den alten, noch die alten mit im ... Er ist ein neuer medicus und ein rechter finder der arznei, der do nicht schreibt aus den büchern der alten, sondern aus einem ganz sondern philosophischen grunt, als weiß und schwarz. und so sein schreiben seiner bucher nicht bewert were in alweg und warhaftiger erfunden mit merer freuden und nuz dan die andern, so hetten in die Athenischen nit für einen destructorem aller irrung und einen rechten wegweiser des grunts medicinae erkennet.»[82]

Allerdings – die schnelle und offensichtlich vollständige Auskurierung des Frobenschen Leidens hatte in Basel auch viele Neider gefunden, vor allem in den Kreisen der Medizinischen Fakultät, wo man dem Fremdling diesen Erfolg herzlich mißgönnte. Die Stimmung an der Universität war dem Magistrat wohlbekannt, und man beratschlagte dort, wie man den jungen Medicus notfalls gegen den Willen der Professores nach Basel holen könne.

Schließlich faßte man den Beschluß, ihm die seit vier Jahren vakante Stelle des Stadtarztes anzutragen. Hierzu brauchte man die Fakultät nicht unbedingt zu konsultieren, da die Einsetzung eines Stadtarztes vornehmlich Sache des Magistrats war. Schon seit langem hatte man vergeblich versucht, eine geeignete Persönlichkeit für dieses wichtige Amt zu finden. Jetzt glaubte der Stadtrat, wirksam unterstützt von den maßgeblichen reformatorischen und humanistischen Kreisen der Stadt, in dem Straßburger Arzt den rechten Anwärter hierfür gefunden zu haben. Der bekannte Humanist Oekolampadius wird ihr Sprecher gewesen sein. Durch seine Verbindungen zu den Straßburger Reformern hatte er Kenntnis von den allgemeinen sozialpolitischen und religiösen Anschauungen Hohenheims. Da der Baseler Magistrat in seiner Mehrheit zudem evangelisch gesinnt war, gab es weiter keine Schwierigkeiten. Der Berufung des neuen Stadtarztes stand nun nichts mehr im Wege.

Was mag Hohenheim bewogen haben, die Stelle anzunehmen? War es die Ehre, die man ihm durch die Berufung zuteil werden ließ? Oder war es das mit der Stellung eines Stadtarztes verbundene Ansehen, das er in einer so bedeutenden Stadt wie Basel genießen würde?

Es hieße die Persönlichkeit Hohenheims verkennen, wollte man ihm allein diese Motive unterstellen. Zweifellos waren sie für ihn von einiger Bedeutung. Doch was ihn trieb, dem Baseler Magistrat schließlich die Zusage zu geben, war etwas ganz anderes: Es war die Möglichkeit, an der Universität Vorlesungen abzuhalten und damit ein breites Publikum für seine «Reformatio medicinae» zu gewinnen. Dieses bestand vorwiegend aus jungen Leuten – Studenten, die ohnehin dem Neuen, Revolutionären aufgeschlossener gegenüberstanden als die akademische Oberschicht, die vielfach noch dem Konservativismus huldigte. Das Recht, Vorlesungen zu geben, war den Baseler Stadtärzten seit jeher zugestanden. Von diesem Recht wollte der neue Stadtarzt regen Gebrauch machen.

Mitte Februar des Jahres 1527 begibt sich Hohenheim auf den Weg nach Basel. Unterwegs macht er in Neuenburg einige Tage Rast bei seinem Freund Bonifatius Amerbach, der sich mit der Tochter des dortigen Bürgermeisters am 28. Februar verheiratete.

Anfang März tritt der nunmehr Vierunddreißigjährige sein Amt als Stadtphysicus von Basel und Professor medicinae an.

Schon um die Mitte des gleichen Monats beginnt der Hochschulbetrieb – für Hohenheim das erste Semester seiner Lehrtätigkeit. Der neue Professor liest zunächst – wohl als Referenz seinen mißgünstigen und mißtrauischen Kollegen gegenüber – in lateinischer Sprache, wie es allgemein Usus war. Es kommt ihm nicht darauf an, in welchem äußeren Gewand eine Theorie vorgetragen wird, ob lateinisch oder deutsch, sondern darauf, was ihr Inhalt ist, wie sie sich verifiziert und die tatsächlichen Gegebenheiten von den bloßen theoretischen Möglichkeiten zu unterscheiden und abzutrennen vermag.

Dies wird deutlich, wenn er schreibt: *Der Irrtum der alten Ärzte und ihr Weg zwischen dem Dorngestrüpp ist sehr lang. – Wenn die Alten näher geforscht und wenn sie der Natur in ihren Kräften tiefer nachgespürt hätten, wären sie unseren nunmehr folgenden medizinischen und philosophischen Beweisen näher gekommen.*[83] Statt dessen fordert er: *... lese, belausche, sammle wieder und wieder alle Künste der Erfahrenen und der Ärzte und erwerbe schließlich die vollkommene Erfahrenheit in allem, was über die Dinge der Natur überliefert worden ist. Nicht meinen, sondern wissen! Denn nur darin ist ein wahrer und zuverlässiger Physicus oder Arzt verborgen.*[84]

Parallel zu dieser Vorlesung hält er noch eine zweite, in der er *Über Geschwüre, offene Wunden und andere Gewächse am Leib, woher ihr Ursprung, was ihr Wesen, ihre Form, Zeichen und Endung, samt wahrhaftiger Kur derselben* liest. Dieses Kolleg hält er in deutscher Sprache. Damit aber durchbricht er den jahrhundertealten Brauch,

Basel. Kupferstich aus dem 17. Jh.

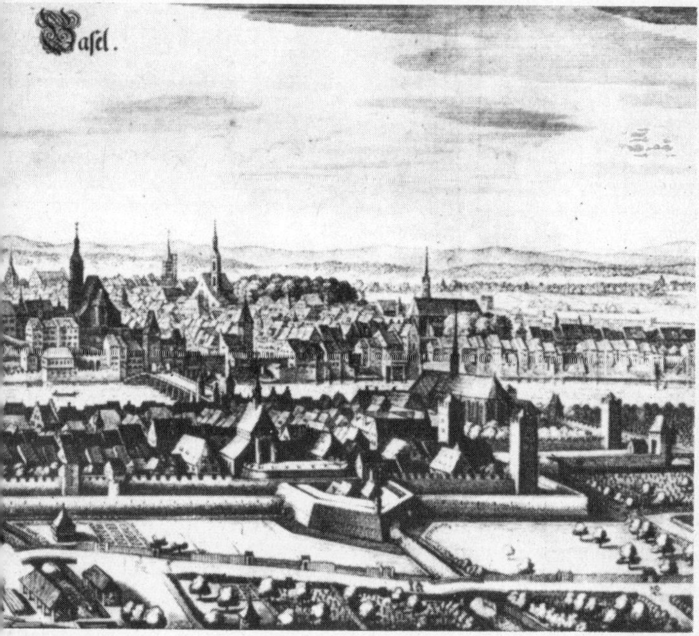

Disputationen und Vorlesungen grundsätzlich in der lateinischen Gelehrtensprache abzuhalten. Dieser unerhörte Bruch mit der sorgsam gehüteten Tradition stößt bei der überwiegend konservativ gesinnten Professorenschaft sofort auf schärfste Ablehnung.

Für Hohenheim ergeben sich daneben auch Schwierigkeiten ganz anderer Natur. Weil er nun einmal in seiner Muttersprache vorträgt, muß er viele Termini erfinden, die ihrem Sinngehalt nach möglichst exakt dem entsprechen sollen, was er mit ihnen ausdrücken und sagen will. Da bei ihm das Lateinische als wissenschaftliche Ausdrucksform in den Hintergrund gedrängt wird, muß die deutsche Sprache nunmehr zum Träger der Wissensübermittlung avancieren.

Es ist daher ohne weiteres verständlich, daß einige der paracelsischen Schriften den ungeübten Leser verwirren müssen, weil in ihnen ständig Begriffe auftauchen, deren Sinngehalte ihm manchmal nicht recht klarwerden mögen. In dieser Hinsicht war Hohenheim ein «unanschaulicher» Denker.

Diesem Problem werden sich zunächst auch seine zahlreichen Zuhörer gegenüber gesehen haben. Trotzdem begrüßten die Studenten diese Neuerung des jungen Professors. Sie, die ständig nach den Zeichen einer neuen Zeit Ausschau hielten, sahen in ihm den Künder einer völlig neuen Medizin und darüber hinaus den Verfechter einer neuartigen Methode, Wissen und Können zu vermitteln. War nicht der Doctor Martinus Luther den gleichen Weg gegangen, um sich auch den einfacheren Leuten verständlich zu machen? Sogar der Schmähruf «Lutherus medicorum» – dem Sinn nach zu übersetzen mit «Ketzer der Medizin» –, der hier und dort aufkam, mag von vielen seiner Anhänger eher als ein Lob denn als Tadel aufgenommen worden sein.

Erklärtes Ziel Hohenheims war es, auch dem medizinisch interessierten und manchmal sogar praktizierenden Laien seine Vorstellungen und Ideen von einer wirklichkeitsnahen Heilkunst mitzuteilen. So entgegnet er später seinen Kritikern: *mein fürnehmen ist hie, zu erklären, was ein arzet sein sol, und das auf teutsch, damit das in die gemain* (Sprache) *gebracht werde.* Was schert es ihn, daß die Fakultät ihm vorwirft, «der ganze ungebildete Haufe der Bader und Alchimisten» laufe ihm nach? Auf seinen langen und weiten Reisen hatte er wichtige Impulse aus der Volksmedizin aufgenommen und verarbeitet. Er sah es geradezu als seine Pflicht an, eben diese Volksmedizin, die er durch seine vielfältigen Studien wesentlich ausgebaut und erweitert hatte, unter die Leute zu bringen.

Der Zulauf zu seinen Vorlesungen bringt ihn auf den Gedanken, eine pragmatische Schrift für seine Hörer und andere interessierte Kreise zu verfassen. In ihr versucht er darzulegen, worum es ihm geht, was sein Anliegen ist. Er will sich mit dem ärztlichen Wissen seiner Zeitgenossen und den veralteten Methoden ihrer im Grunde toten Wissenschaft auseinandersetzen. *Erfahrung und eigene Erwägung statt Berufung auf Autoritäten* – das ist seine Forderung.

Noch während des Semesters, am 5. Juni 1527, erscheint diese polemische Schrift, allerdings in lateinischer Sprache und mithin auch an die Adresse der Professoren gerichtet, als eine Art Flugblatt. Diese Ankündigung oder *Intimatio*, wie er sie nennt, sei hier nahezu vollständig wiedergegeben, weil sie eine neue Ära innerhalb der medizinischen Wissenschaft wie auch im ethischen Empfinden ihrer Vertreter einleiten sollte. Das aufgezeigte Programm zur Erneuerung der Heilkunst steht – wie der hippokratische Eid – gleichermaßen am Anfang unserer heutigen modernen Medizin und war für ihren Weg durch die letzten vier Jahrhunderte von richtunggebender Bedeutung.

Der Text lautet in der deutschen Übertragung:

Theophrastus Bombast von Hohenheim aus Einsiedeln, beider Medizin Doktor und Professor grüßt die Studierenden der Medizin. – Da ganz allein die Medizin als einzige aller Disziplinen, gleichsam wie ein Gottesgeschenk, nach dem Urteil der heiligen und profanen Schriftsteller als eine Notwendigkeit ausgezeichnet wird und nur wenige der Doktoren sie heute mit Glück ausüben, erschien es geboten, sie in ihren ursprünglichen lobenswerten Zustand zurückzuführen und ... wollen wir sie von den schwersten Irrtümern reinigen, nicht den Regeln der Alten zugetan, sondern ausschließlich denjenigen, die wir aus der Natur der Dinge und eigenen Erwägungen gewonnen und in langer Übung und Erfahrung bewährt gefunden haben. Wer weiß es denn nicht, daß die meisten Ärzte heutiger Zeit zum größten Schaden der Kranken in übelster Weise daneben gegriffen haben, da sie allzu sklavisch am Wort des Hippokrates, Galenos und Avicenna und anderer geklebt haben, als ob diese wie Orakel aus dem Dreifuß des Apoll herausklängen, von deren Wortlaut man auch nicht um Fingers Breite abweichen dürfte. Wenns Gott gefällt, kann man auf diesem Wege wohl zu blendenden Doktortiteln gelangen, wird aber niemals ein wahrer Arzt. Nicht Titel und Beredsamkeit, nicht Sprachenkenntnisse, nicht die Lektüre zahlreicher Bücher ... sind Erfordernisse eines Arztes, sondern die tiefste Kenntnis der Naturdinge und Naturgeheimnisse, welche einzig und allein alles andere aufwiegen ... Aufgabe des Arztes ist es, die verschiedenen Krankheitsformen zu kennen, ihre Ursachen und Symptome zu durchschauen und obendrein mit Scharfsinn und Beharrlichkeit ihnen Arzneimittel zu verordnen und nach Umständen und Besonderheiten tunlichst allen Heilhilfe zu bringen.

Um in meine eigene Lehrmethode ein wenig einzuführen, werde ich ... täglich in zwei Stunden praktischer und theoretischer Heilkunde sowohl der inneren Medizin wie der Chirurgie Lehrbücher, deren Verfasser ich selbst bin, mit höchstem Fleiß und hohem Nutzen der Hörer öffentlich erklären. Diese Lehrbücher sind nicht etwa aus Hippokrates und Galenos oder irgendwelchen anderen Lehrbüchern zusammengebettelt, sondern vermitteln das, was mich die höchste Lehrerin Erfahrung und eigene Arbeit gelehrt haben. Demnach dienen mir als Beweishelfer Erfahrung und eigene Erwägung statt Berufung auf Autoritäten. Also, bester Leser, wenn Jemanden die Geheimnisse dieser Apollinischen Kunst locken und Liebe und Verlangen ihn beherrschen und er wünscht in recht kurzer Zeit zu lernen, was zu dieser Disziplin gehört, möge er sich sofort zu uns nach Basel auf den Weg machen und Größeres und noch weit Anderes, als was ich so in Kürze sagen kann, hier erfahren. Um den Schleier etwas zu lüften, kann ich ihm sagen, daß von Komplexionen und Kardinalsäften im Stile der Alten bei mir nicht die Rede sein wird, aus denen fälschlich alle Krankheiten hergeleitet werden, woraus den Ärzten heute Krankheiten, Krankheitsursachen, kritische Tage usw. erklärt werden. Dies gleichsam an einer Fangleine Klargelegte möge genügen. Urteilen dürft ihr erst, nachdem ihr den Theophrastus gehört habt. Lebt wohl und nehmt unsern Erneuerungsversuch der Heilkunde günstig auf.

Basel, am 5. Juni 1527.[85]

Die *Intimatio* war eine unverhüllte Kampfansage an die Ewig-Gestrigen, die mit ihrem unverbrüchlichen Festhalten an der traditionellen Medizin den progressiven Kräften den Weg versperrten, da sie immer noch viele Schlüsselstellungen – das heißt Lehrstühle – besetzt hielten.

Der offene Konflikt ist von nun an unvermeidlich; kein Zweifel, daß Hohenheim ihn gesucht hat. Er wird zum öffentlichen Skandal, als der streitbare Professor eine Handlung begeht, die allen Beteiligten unmittelbar vor Augen führt, wie er über die altehrwürdigen Autoritäten denkt und welche in den Augen seiner Widersacher einer Todsünde gleichkommt. Am Abend des 24. Juni 1527, als sich das Volk und gewiß auch viele Studenten um das Johannisfeuer versammeln, tritt Hohenheim aus ihrer Mitte hervor und schleudert demonstrativ ein mitgebrachtes medizinisches Kompendium traditioneller Wissensvermittlung in die Flammen.

Jahre später berichtet er hierüber stolz: *ich hab die summa der bücher in sanct Johannis feuer geworfen, auf das alles unglück mit dem rauch in luft gang, und also ist gereiniget worden die monarchei* (Lehre) *und sie wird von keinem feuer mer gefressen werden.*[86]

Diese symbolische Handlung war eindeutig provokatorischen Charakters. Der «Lutherus medicorum» verfolgte hierbei die gleichen Ziele wie sein berühmter Zeitgenosse, als dieser nur sieben Jahre zuvor die päpstliche Bann-Ankündigungsbulle zu Wittenberg verbrannte: Loslösung vom Althergebrachten, vom Nicht-mehr-Gültigen; dafür Hinwendung zu einer neuen Geisteshaltung, die – wie im Fall Hohenheims – die Erfahrung und nur diese als obersten Primat ärztlichen und naturwissenschaftlichen Tuns setzte.

Von nun an sucht die Fakultät seine Kollegs zu hintertreiben. Man verbietet ihm zunächst den Hörsaal, entzieht ihm wenig später das Promotionsrecht und beschimpft ihn maßlos, indem man in aller Öffentlichkeit seine Qualitäten als Arzt und Professor in Zweifel zieht. Hohenheim setzt sich daraufhin zur Wehr. Da er die Mehrheit des

Magistrats auf seiner Seite weiß, bittet er die Ratsherren der Stadt um Schutz und Hilfe. In einer Eingabe legt er dar, daß man ihn unflätig lästere und schmähe, wodurch seine amtsärztliche Tätigkeit behindert und ihm das Vertrauen der Kranken entzogen würde. Überdies habe er seine Stellungen bei Fürsten und Städten nicht deshalb aufgegeben, damit man ihn hier nun anfeinde. Er bittet darum, daß man ihm die Freiheit seines Standes und Amtes bestätige und jene, die wider ihn reden, zurechtweisen möge.

Im zweiten Abschnitt des Schreibens faßt er sodann ein weiteres heißes Eisen an: ... *die appotecken betreffeni, nemlich das die nach Ordnung ... durch verstendig gevisitiert würden ... Dodan ouch kein appotecker mit den doctorn in einicher theilung oder schenkung verwant und gemeinschaft zu haben. Ouch das sy examiniert würden ob sy irs ampts gnug erfaren und geschickt weren, damit durch ir onwissenheit keinen kranken ... schaden gebern und entstan möchti ...* (daß sie) *sich ouch einer zimlichen und gepürlichen tax erhalten ...*[87]

Jetzt hatte er auch noch den einflußreichen Stand der Apotheker gegen sich, deren Beaufsichtigung und Visitierung zu seinen Pflichten als Stadtarzt gehörte. Dabei wird er mancherlei Mißstände aufgedeckt haben, wie sie um jene Zeit mancherorts üblich waren. Die oftmals bedenkenlose Anwendung des sogenannten «quid pro quo», das heißt der Abgabe einer vermeintlich ähnlich wirksamen Arznei an Stelle der geforderten, war ihm ohnehin verhaßt, konnte dieses Verfahren doch unter Umständen das Leiden der Kranken verschlimmern.

Es läßt sich nicht mehr feststellen, wie die Angelegenheit ausging, doch hat es den Anschein, als habe der Rat ihm seine Lehrfreiheit weiterhin gesichert. Hohenheim konnte seine Vorlesungen, wenn auch wohl unter einschränkenden Bedingungen, weiterhin abhalten.

Inzwischen waren die Semesterferien gekommen, doch setzt er seine Vorlesungen auch während dieser Zeit fort. Er liest über Harn- und Pulsdiagnostik sowie *De Physiognomia*. Auch diese Kollegs sind trotz der Ferien gut besucht.

Vor Beginn des Wintersemesters 1527/28 unterbricht er seine Tätigkeit in Basel für kurze Zeit und reist nach Zürich, wo ein Freund von ihm mit Namen Christoph Clauser ebenfalls das Amt eines Stadtarztes versieht. Hohenheim muß sich physisch und psychisch in einem ziemlich desolaten Zustand befunden haben. Wahrscheinlich erhoffte er sich von Clauser Trost und Rat. Vor allem wollte er ein wenig ausruhen, Abwechslung suchen bei dem Freund und dessen fröhlicher Studentenschar.

Nach Basel zurückgekehrt, erfährt er, daß sein Patient und Gönner Froben Ende Oktober einem neuerlichen Schlaganfall erlegen ist. Diese Nachricht trifft ihn zutiefst. An die Züricher Studenten schreibt er: *... habe ich meinen treuesten Freund in Basel, den ich im besten Wohlsein hier zurückgelassen hatte, als ich frohgemut zu Euch nach Zürich kam, verloren. Seid wachsam gegenüber dem unvorhersehba-*

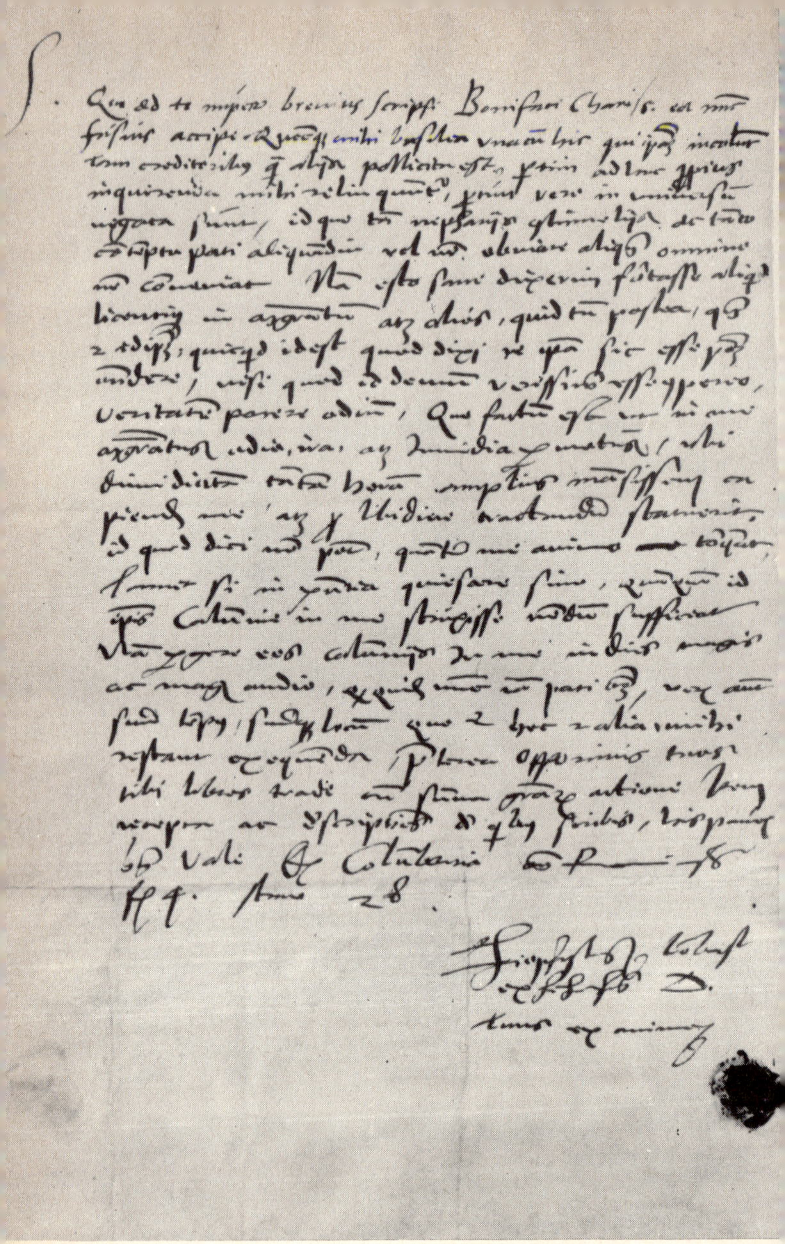

Brief Hohenheims an den Rat der Stadt Basel, 1527

ren Tod, beste Combibones... Lebt wohl, liebste Freunde und gedenket Eures Theophrastus in herzlicher Freundschaft.[88]

Der plötzliche Tod Frobens gab zu allerlei Spekulationen Anlaß. Von seiten der Ärzteschaft wurde vorgebracht, daß der Verleger wahrscheinlich hätte gerettet werden können, wäre er nicht dem zugereisten Kurpfuscher in die Hände gefallen. Dieses Gerede hinter der hohlen Hand trug weiterhin dazu bei, daß Hohenheims Stellung in Basel allmählich immer mehr untergraben wurde.

Inzwischen hatten die Vorlesungen wieder begonnen. Hohenheim lehrt wieder auf lateinisch über spezielle Pathologie und Therapie sowie in deutscher Sprache über *Wunden und Wundbehandlung.* Wahrscheinlich hielt er noch eine dritte Vorlesung über die Bereitung pflanzlicher und anorganischer Arzneien.

Doch bald schon treten erneut Schwierigkeiten auf. Diesmal geht man seitens der Medizinischen Fakultät zu einem massiven Angriff über, wobei man allerdings die Anonymität einer direkten Auseinandersetzung vorzieht. Vermutlich unter Beihilfe eines seiner ehemaligen Schüler verfaßt man mit Duldung oder gar Unterstützung der Fakultät ein lateinisches Spottgedicht über ihn, in welchem sein Vorname Theophrastus zu «Cacophrastus» verunglimpft wird. Mit wüsten Schimpfworten wird der Stadtarzt und Professor darin verhöhnt. Das Pamphlet wurde heimlich an den Kirchtüren angebracht, an exponierter Stelle also, so daß jeder es lesen konnte. Die darin enthaltene maßlose Polemik gipfelt in den Versen:

...Verrecken will ich, wenn Du würdig bist, dem Hippokrates
das Nachtgeschirr nachzutragen,
Oder meine Schweine zu hüten, Du Taugenichts!
Was schmückst Du Dohle Dich mit gestohlenen Federn!
Deine Ruhmredigkeit hat kurze Beine.
Was willst Du denn in Deinen Vorlesungen sagen,
Du lebst ja nur von gestohlenem Geistesgut!
Am besten ist für Dich ein Strick, an dem Du Dich aufhängen
kannst,
Nachdem man Deine Windbeuteleien erkannt hat...
Unterschrift: «Aus der Unterwelt.»[89]

Man kann sich unschwer vorstellen, wie dieses Pasquill den ohnehin leicht aufbrausenden Professor in ohnmächtigen Zorn versetzte. In einer Eingabe wendet er sich erneut an den Magistrat der Stadt und bittet um eine gerichtliche Untersuchung der Vorfälle. Vor allem möchte er wissen, wer die Verfasser der Spottverse sind. Es steht für ihn fest, daß diese nur aus den Kreisen seiner Hörer stammen können, da das Gedicht auf eine genaue Kenntnis der Hohenheimschen Vorlesungen schließen läßt.

Wie der Rat auf das Schreiben reagierte, ist nicht bekannt, doch ist zu vermuten, daß man dort dem Stadtarzt wegen der von ihm verursachten Scherereien nicht mehr so wohlwollend gegenüberstand

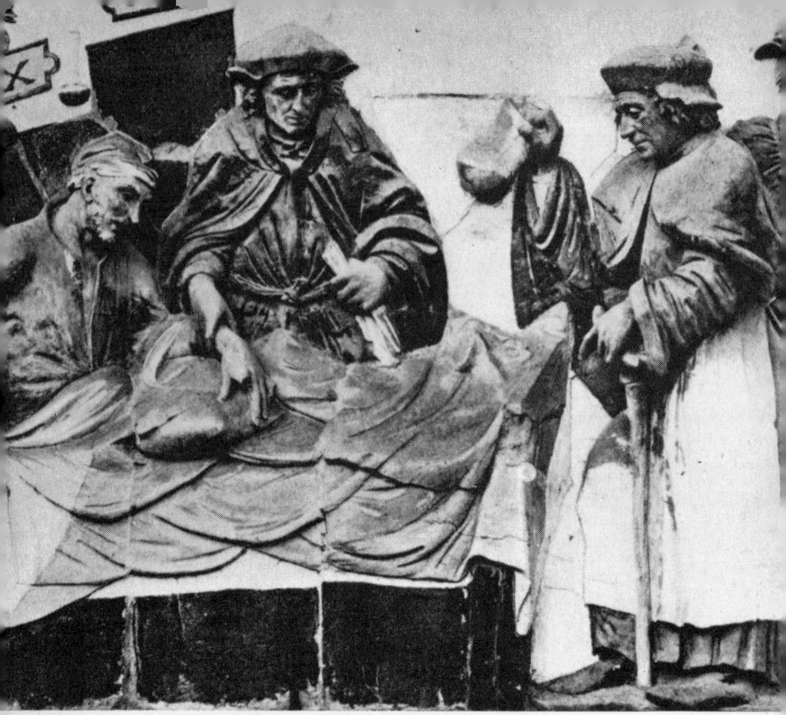

Krankenpflege. Ausschnitt aus einem Terrakotta-Relief von Santi di Michele Viviani, um 1530. Ospedale del Ceppo, Pistoia

wie noch einige Monate zuvor. Immerhin konnte er seine Lehrtätigkeit weiterhin ausüben, wenngleich dies ihm von Tag zu Tag immer schwerer und unerträglicher gemacht wurde. Doch sollte es bald noch schlimmer kommen.

Nach der erfolgreichen Heilung eines Baseler Domherrn verlangt Hohenheim von diesem das verabredete Honorar in Höhe von 100 Gulden. Diese ungewöhnlich hohe Summe wird der ratlose Domherr dem Arzt für den Fall in Aussicht gestellt haben, daß er tatsächlich vollständig wiederhergestellt würde. Doch nun, einmal genesen, verweigert der Kanonikus die vereinbarte Zahlung und schickt statt dessen das übliche Honorar von 6 Gulden. Hohenheim, der aus seiner sozialen Einstellung heraus die Armen zumeist ohne Entgelt behandelt hatte, insistiert jetzt hartnäckig auf der versprochenen Summe. So wird *die sach gezieht für die richter*, welche den Stadtarzt nach kurzer Beratung abschlägig bescheiden. «Darob ward Theophrastus umwillig, warff böss Karten auss und bochte mit etlichen worten wider die urteil, daß er vor der oberkait beklagt ward», lesen wir in einer Baseler Chronik.

Wegen dieser Verunglimpfung des Gerichts muß er befürchten, *daß sie mich in die insulen, Pilati Pontii genant, zu relegieren understanden.* Der Verbannung auf den zerklüfteten und unwirtlichen Gebirgsstock des Pilatus kann er sich nur durch die eilige Flucht entziehen.

So verließ Hohenheim nach elfmonatiger, überaus fruchtbarer Tätigkeit Anfang Februar 1528 jene Stadt Basel, die ihm Verheißung und Ablehnung, Ehre und Schande, Liebe und Haß in wechselndem Geschick entgegengebracht hatte.

Wanderjahre II: «Der geist geistet, wa er wil»

In tiefer Enttäuschung und Resignation über die Ungerechtigkeit und Undankbarkeit, die ihm in Basel widerfuhr, begibt er sich wieder auf Wanderung. Sie sollte die restlichen dreizehn Jahre seines Lebens ausfüllen und gleichzeitig den Höhepunkt seiner schriftstellerischen Tätigkeit bringen.

Er begibt sich zunächst über Mülhausen nach Colmar im Elsaß, wo er Mitte Februar 1528 eintrifft. Bei einem Bekannten namens Lorenz Fries, der auch Arzt ist, nimmt er Wohnung. Fries war der Autor einiger mehr diätetisch orientierter Werke, so daß die beiden sich über allerlei medizinische Probleme unterhalten haben werden. Von dort aus schickt Hohenheim an seinen engen Freund Bonifatius Amerbach, Professor der Rechte in Basel, zwei lateinisch abgefaßte Handschreiben, in denen er seine Baseler Tätigkeit zu rechtfertigen sucht: *Alles, was mir Basel, samt denen, die es bewohnen, sowohl* (mir) *Gläubigen als anderen versprochen hat, bleibt mir teils noch genauer zu erforschen, teils aber ist es mir rundweg abgeleugnet worden, und zwar mit so niederträchtigen Schmähungen und solcher Mißachtung, daß es auch nur eine Zeitlang zu ertragen oder dem nicht entgegenzutreten, durchaus nicht geziemen würde. Denn es mag ja sein, ich habe vielleicht einiges zu frei gegen den Magistrat und andere ausgesprochen; was ist's denn weiter, sobald ich eben dies, was ich auch immer gesagt habe, als auf Tatsachen beruhend beweisen kann; nur daß ich dann zuletzt als höchste Wahrheit erkennen muß: Wahrheit trägt Haß ein. Dadurch ist es gekommen, daß der Magistrat, von Haß, Zorn und Mißgunst getrieben, wider mich beschloß, man solle mich – wenn ich nur eine halbe Stunde länger geblieben wäre – festnehmen und nach Herzenslust mit mir verfahren. Sagen läßt es sich nicht, wie sehr mich das im Herzen quält.*[90] Jedoch: *Diesem Sturm entfloh ich, Sicherheit suchte ich, leidlich ruhige Tage. Dies fand ich in Colmar, wo ich um nichts weniger bestens der Deine bin.*[91]

In Colmar findet er also die Muße, an seinen Büchern, deren er einige schon in Basel entworfen und begonnen hatte, weiterzuarbeiten. So findet die Schrift *Bertheonea*, worin er sich mit allgemeinen chirurgischen Fragen (Behandlung von Wunden und offenen Schäden) befaßt, hier ihren Abschluß. Dem Leser teilt er darin mit: ... *mein*

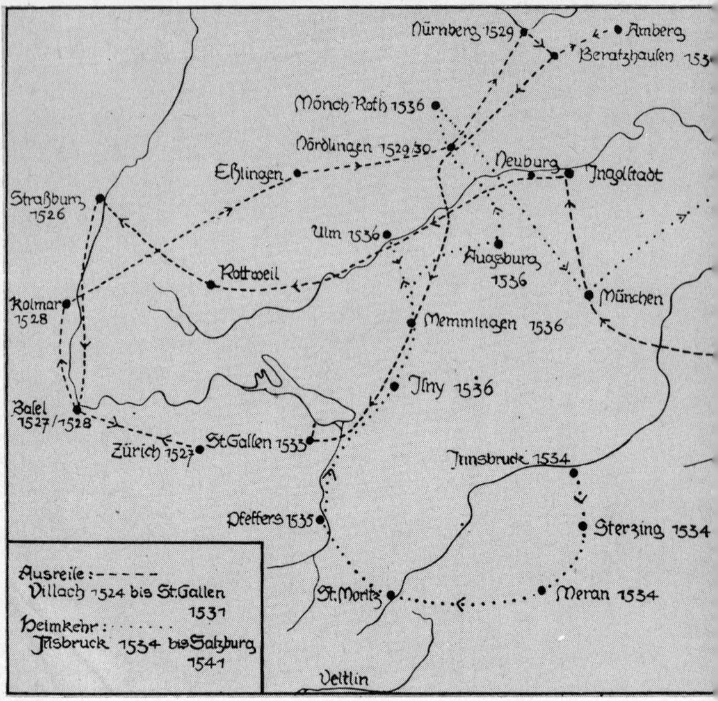

Karte zu den Wanderjahren des Paracelsus

wundarznei tractirt von allem dem, das die augen im leib zu erkennen geben und wie es vor den augen leit mit allen seinen zeichen. also ist das der grund; ursach, aus disen beiden die cur und aus der cur anfang und end, dan ein iegliche cur gibt ursprung, anfang, wesen, mittel, beschluß und end; das ist der eckstein eines arzts. in eim tractir ich vom verlezen der natur on ursach der natur, in eim andern von dem, das die natur selbst gibt; das erst, was sein wesen sei, was sein zukunft, was sein art und potentia und in wes weg die natur aus dem zu schaden komen mag, auch zum tot. im andern stet öfnung des leibs, lezung der haut und seines anhangs, und das mit allen geschlechten (und) *speciebus, darumb ein ieglicher, der da liset, zwo wundarznei scheiden sol, krankheiten, geschlecht* (Herkommen) *und art von einander teilen.*[92]

Um die gleiche Zeit befaßt er sich in einer frühen Schrift zum erstenmal mit der Syphilis, die von den Westindischen Inseln her in die Alte Welt eingeschleppt worden war und zu jener Zeit in allen Landen grassierte. Sein Vorhaben, das er diesem *libell* voranstellt: *Am ersten tractir ich von irrung der arzeten ... damit sie dester hi-*

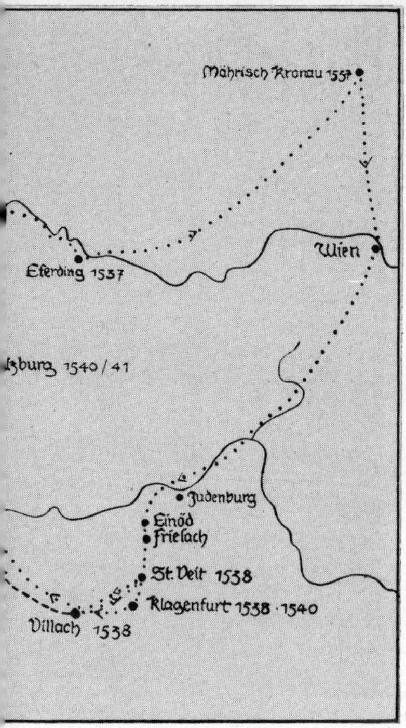

ziger werden, sich selbs baß zu erkennen. – Zum andern sez ich ein kurzen begriff der anatomei ... dieweil ich leugne der schelmen ... – Zum dritten sez ich ein buch von der transplantirung und wie sich die transplantaz in den natürlichen erzeigt. – ... Zum vierten seze ich das ... darin die zeichen der franzosen begriffen werden aus beiden professionen. bewegt mich darzu, das bisher von den arzeten so gar kein unterscheid in erkantnus der franzosen gehalten ist worden, dadurch arzet und kranken verfürt sind worden. – Zum fünften sez ich ... zu einem ingang der heilung (an), *darin ich begreif den grund der heilung aller franzosen ... – Zum sechsten sez ich das ... libell von den physicalischen und chirurgischen franzosen als ein vollkomne gewaltige practic, darzu mich bewegt der pracht und hochmut, so die unwissenden arzet treiben mit iren irrigen arzneien. – Zum sibenden sez ich das ... libell, darin ich begreif die experimenten und hantgriff so ich bisher gebrauchet hab. . .*[93]

Er empfiehlt und beschreibt erstmalig eine möglichst vorsichtige und genau bemessene Dosierung der gefährlichen Quecksilber-Präparate, die von den Ärzten oftmals bedenkenlos in beliebigen Mengen verabfolgt wurden. Gleichfalls empfiehlt er die rechte Anwendung von Arsen-Präparaten zur Bekämpfung der Seuche. Der Medizin-Historiker R. H. Blaser faßt diese neuartigen Erkenntnisse in dem Satz zusammen: «Als Ganzes ist die Paracelsische Syphilidologie erst in der Mitte des 19. Jahrhunderts wieder erreicht worden.»[94]

Etwa im letzten Drittel des gleichen Jahres (1528) beginnt er, sich mit theologischen, vorwiegend exegetischen Problemen zu befassen. Er bringt Notizen und Pläne zu seinem späteren umfangreichen Werk über die *Auslegung der Psalmen Davids* zu Papier.

Nach einiger Zeit verläßt er Colmar und wendet sich in nordöstlicher Richtung über Freiburg im Breisgau nach Esslingen bei Stutt-

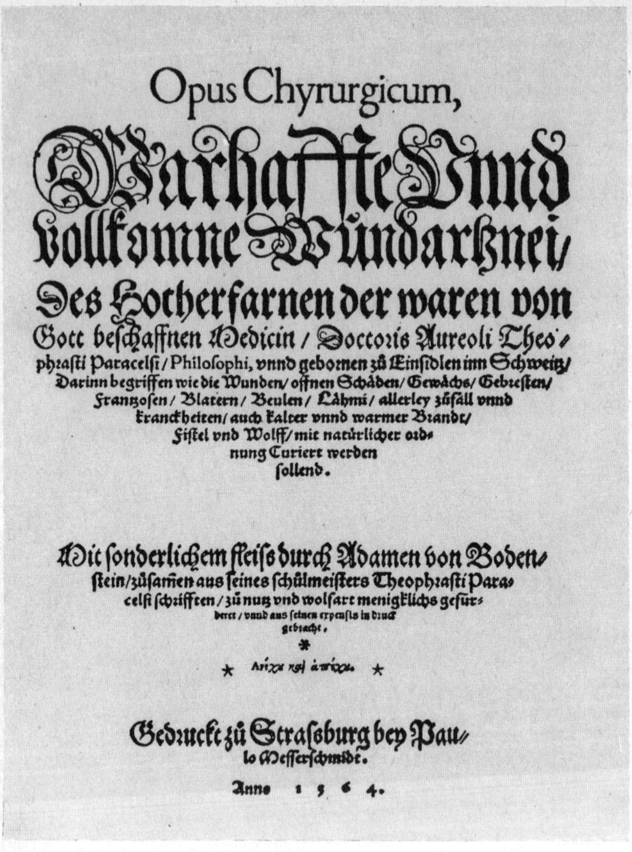
Opus Chyrurgicum,
Warhaffte Unnd
vollkomne Wundartznei,
Des Hocherfarnen der waren von
Gott beschaffnen Medicin / Doctoris Aureoli Theo-
phrasti Paracelsi / Philosophi, unnd gebornen zů Einsidlen inn Schweitz/
Darinn begriffen wie die Wunden / offnen Schäden / Gewächs / Gebresten /
Frantzosen / Blatern / Beulen / Lähmi / allerley zůfäll unnd
kranckheiten / auch kalter unnd warmer Brandt /
Fistel und Wolff / mit natürlicher ord-
nung Curiert werden
sollend.

Mit sonderlichem fleiss durch Adamen von Boden-
stein / zůsamen aus seines schůlmeisters Theophrasti Para-
celsi schrifften / zů nutz und wolfart menigklichs gefür-
dert / unnd aus seinen expensis in druck
gebracht.

Ἀνέχου καὶ ἀπέχου.

Gedruckt zů Strassburg bey Pau-
lo Messerschmidt.
Anno 1564.

Titelblatt zum «Opus Chirurgicum»

gart, der Heimat seiner Vorfahren. Doch verweilt er hier nicht lange und reist weiter nach Nürnberg, wo wir ihn 1529 antreffen.

Wieder ist es die Syphilis, der er auf der Spur ist. In Nürnberg, dem wichtigen Zentrum von Handel, Wissenschaft und Kunst, haben die mächtigen Welser und Fugger aus Augsburg ihre Kontore. Vor allem letztere betreiben mit dem Guajak-Holz ein schwunghaftes Geschäft. Seine Rinde, aus Mittelamerika importiert, wurde in Europa als d a s Antisyphilitikum angesehen. Für Ulrich von Hutten, der selber an der Krankheit litt, war das «holtz» ein Wundermittel, dessen segensreiche Wirkung er in einem Büchlein bekundet. Anders Hohenheim. Er wendet sich vehement gegen Heilmethoden dieser ungewissen Art: *Am ersten... verwirf ich al schmiren, holz, reuchen* (und) *salben ... Aber ir spiegelfechter lassent von euren bossen nicht ... also ist euer kunst und meisterschaft, das sie nit darf an die sonnen komen ... Vom holz wissent ir auch, was der Carl* (gemeint ist Karl V., dessen Bankier B. Welser war) *und Fücker* (Fugger) *gebracht haben: ein holz hant sie euch bracht, wo ist aber der wagen de virtutibus* (der Heilkräfte)*? ... mich wundert, das ir so einfeltig sind gesein, hant nit dörfnen buchen holz für guaiacum geben.*[95]

Gleichwohl lehnt er die Anwendung des Holzes nicht unbedingt ab, sondern vertritt die Meinung, daß das Volk ihm zu viel Heilkräfte zuschreibt. Der Stadtrat, wohl beeindruckt von dem Ruf, der dem zugereisten Doctor medicinae vorausgeeilt war, sowie dessen neuartiger Lues-Therapie, genehmigt im Herbst den Druck zweier Schriften über die *Frantzosen kranckheit*. Ihr Autor widmet eine davon dem einflußreichen Ratsschreiber Spengler, *meinem in sondern günstigen herren*, auf dessen Betreiben hin die Druckerlaubnis erfolgt sein wird.

Weitere Veröffentlichungen scheitern jedoch an dem Einspruch der weit entfernten Leipziger Medizinischen Fakultät, deren Dekan Heinrich Stromer von Auerbach («Auerbach's Disputier-Keller») den Fuggern wahrscheinlich nahestand, die ihren Guajak-Handel plötzlich bedroht sahen. Auch die Professorenschaft und die Ärzte der Stadt stehen größtenteils gegen ihn, nicht zuletzt der Angriffe wegen, die er wider sie richtet. Der bekannte Chronist Sebastian Franck, der dort ansässig war, überliefert uns, daß er «fast alle Doctores und Scribenten [Bücherschreiber] in Medicinis verlacht» habe. Ein halbes Jahr darauf bittet Hohenheim in einem Brief den Stadtrat, das Druckverbot aufheben zu wollen, denn: *So erman ich auch ... zu bedenken: sol mir solcher truck jezund abgeschlagen bleiben und denselben ... nit vollenden, das das vorgangen getruckt buch ausgeloschen were und zu schwer zu verstehen, das ich jezund mit merer fruchtbarkeit erklere ...*[96]

Hier in Nürnberg entstehen noch einige weitere Schriften, so das *Spitalbuch, ... darinnen beschlossen wirt aller chirurgicalischen krankheiten volkomene heilung*[97]. Ferner arbeitet er ein paar astrologisch-politische Broschüren aus, worin er zu den allgemeinen Zeitereignissen Stellung nimmt. Auf den Titelblättern taucht hierbei zum erstenmal der Name «Paracelsus» auf. Dieses Schriftstellerpseudonym bedeutet so viel wie «Über Celsus [dem im 1. nachchristlichen Jahrhundert lebenden römischen Enzyklopädisten und Medizin-Schriftsteller] hinausweisend». Eine andere, ebenso wahrscheinliche Version besagt, daß der Name eine Latinisierung seines Familiennamens bedeute. Weil dieser neue Namenszug «Paracelsus» erst um 1529 nachweisbar wird, haben wir ihn daher in den vorangegangenen Kapiteln nach Möglichkeit vermieden und statt dessen den angestammten Familiennamen Hohenheim gewählt.

Zu Anfang des Jahres 1530 geht er von Nürnberg fort und wandert in das fast 100 Kilometer entfernte Beratzhausen, einem kleinen Städtchen im Labertal, nordwestlich Regensburg gelegen. Er findet

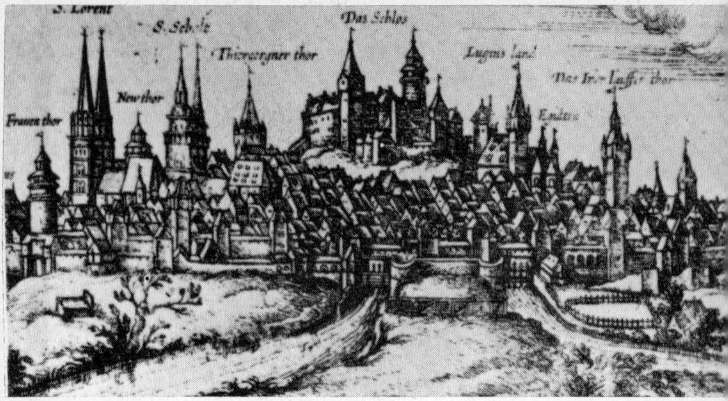

Nürnberg. Stich, um 1600

Unterkunft auf dem Schloß des Freiherrn von Stauff, wo er sich neben der Behandlung der Kranken mit weiterem Schriftwerk beschäftigt: Er verfaßt das bedeutende Buch *Paragranum*, die erste umfassende Rechtfertigungsschrift, in der er sein bis dahin gewonnenes medizinisches, naturwissenschaftliches und naturphilosophisches Weltbild darlegt. Es ist gesetzt auf vier Säulen: *... Also, das die erst seul ein ganze philosophei sei der erden und des wassers; und die ander seul sei die astronomei und die astrologei mit volkomlicher erkantnus beider element des lufts und des feuers; und das die dritte seul sei die alchimei on gepresten* (Abstriche) *mit aller bereitung, eigenschaft und kunstreich uber die vier ... elementen; und, das die vierte seul sei die tugend und bleibe beim arzet bis in den tot, die da beschließ und erhalt die anderen drei seulen. und merket mich eben, dan ir müsset auch hierein und die vier seulen erfaren, oder ir müssent offenbar werden den bauern auf den dörfern, das das euer kunst sei, fürsten und herren, stetten und lendern allein durch bescheißereiarzneien, und das ir eurer kunst weder wissens noch warheit habent, und die zucht, die euch beschicht* (geziemt) *...*[98]

– Diweil nun in der philosophia der erst grund der arznei ligt ... so nun aus der natur der arzt wachsen sol; was ist die natur anders dan die philosophei, was ist die philosophei anders dan die unsichtige natur? ... also sol der arzt den menschen bedeutlich in (seinem) *wissen tragen, genomen aus dem spiegel der vier elementen, dieselbige fürbilden im den ganzen microcosmum* (Menschen) *...*[99] *... so wissent iezt in dem andern grund: der astronomei, das dan der ober teil der philosophei ist, durch den der mensch ganz erkent wird, wie ire corpora sollen verstanden und erkant werden durch die obern sphaer, also in der undern microcosmi, wie ein firmament, ein gestirn, ein natur und ein wesen da sei under geteilter gstalt und form ... nun*

ist das zu erkennen nit in der form, nit im himel der gestalt halben, sonder in der austeilung der impressionischen kraft ...[100] – *Nun weiter zu dem dritten grund, darauf die arznei stehet, ist die alchimei ... die natur ist so subtil und so scharpf in iren dingen, das sie on große kunst nicht wil gebrauchet werden; dan sie gibt nichts an tag, das auf sein stat vollendet sei, sonder der mensch muß es vollenden. dise vollendung heißet alchimia ... was aus der natur wachst dem menschen zu nuz, derselbige der es dahin bringt, dahin es verordnet wird von der natur, der ist ein alchimist* ...[101] – *Der viert grunt der arznei: ... so nun der arzt von got dermaßen fürgenomen und gesezt ist, so muß er endlich kein larvenmann sein, kein alts weib, kein henker, kein lügner, kein leichtfertiger, sonder ein warhaftiger man muß er sein ... also weiter auch sol der arzt kunstreich sein. der da nun wil kunstreich sein, der muß in allem sein erfarnheit haben; dan aus der kunstreiche get der grunt deiner künsten, das ist nicht der grunt der lehr, sonder der grunt deiner arzneischen künstèn verstand* ...[102]

Mit diesen pragmatischen Sentenzen fordert er alle Ärzte auf, das Wirken der Natur in seiner Gesamtheit verstehen zu lernen (Naturphilosophie) und die umweltlichen und kosmischen Einflüsse, denen der Mensch ausgesetzt ist, in ihre Überlegungen mit einzubeziehen

Verkäufer von Guajak-Holz. Holzschnitt, 1519

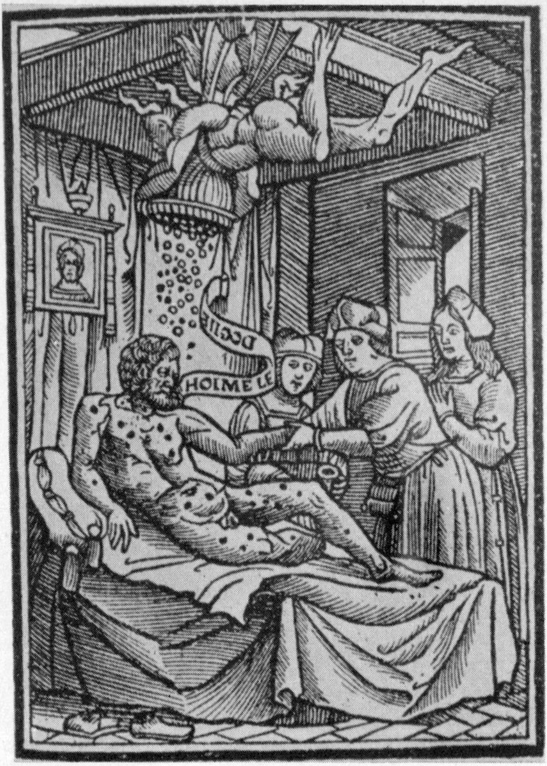

Behandlung eines Syphilitikers. Holzschnitt, 1512

(Astronomie / Astrologie). Die Alchimie soll von nun an nicht meh bloße «Goldmacher-Kunst» sein, sondern der Herstellung von Heilmitteln dienen. Endlich legt er seinen Kollegen nahe, sich ihrer hohen Verantwortung vor Gott und den Menschen immer bewußt zu sein (Ethos des Arztes).

Von Beratzhausen aus reist er nach Regensburg. Dort beobachte er am 29. März 1530 eine partielle Sonnenfinsternis. Dieses «Naturwunder» regt ihn dazu an, ein Büchlein *De eclipsi solis* zu schreiben. Von dort aus begibt er sich weiter nach Amberg, wohin mar ihn zu einem Kranken ruft.

Etwa in diesen Monaten beginnt er eine zweite «Para»-Schrift das *Opus Paramirum*, das er nachher in St. Gallen 1531 vollendet In diesem Werk differenziert er seine medizinisch-alchimistischer Vorstellungen und bringt sie mit den vielfältigen *ursprüng und herkommen der krankheiten* in unmittelbare Verbindung (Ätiologie)

Dabei geht er zuvor davon aus, daß allen natürlichen Dingen – einbezogen der Mensch – drei Grundqualitäten zugrunde liegen. Diese *Tria Prima*, wie er sie bezeichnet, sind: 1. «Sulphur» (Schwefel) als das Prinzip der Verbrennbarkeit, 2. «Mercurius» (Quecksilber) als das Prinzip der Beweglichkeit und Flüchtigkeit und 3. «Sal» (Salz) als das Prinzip der Feuerbeständigkeit und festen Konsistenz. ... *dise drei machen den ganzen menschen und sind der mensch selbs und er ist sie; aus denen und in denen hat er al sein guts und böses betreffend den physicum corpus. auf das folgt nun, das der arzet sol wissen derselbigen austeilung und erkennen ir zusamensezen, erhaltung und auseinander-zerlegung dan in disen dreien stet die... gesuntheit und krankheit... darauf ist nun not, das die drei ding durch den arzt wol sollen erkennet werden und in allen iren eigenschaften verstanden, welche die sind und wie sie gsunt oder krank machen, dan gleich ist es ein wissen, wie der mensch gesunt ist und wie er krank ist oder wird.*[103]

Darumb so ein krankheit vom sulphure erklert wird, am aller ersten sol der sulphur genent werden mit seinem namen, darnach sein mennische (menschliche) *wirkung, wer in entzünt hab...*[104] Er zählt dann eine Reihe von Naturprodukten auf, deren immanente Kräfte «sulphurisch» sind und dem Menschen daher nützen können. Sein Organismus hat ... *der sulphura vil: das blut ein anderer sulphur, das fleisch ein anderer, die heuptglider ein ander sulphur, das mark ein ander und also fort...*[105] Sodann kommt er auf die Vier-Elementen-Lehre zu sprechen, die eine weitere wichtige paracelsische Grundanschauung ist: ... *diese drei substanzen...* (müssen) *in die art der 4 elementen gebracht werden, das ist, aus den 4 elementen wachsen alle ding; aus der erden das kraut und holz und dasselbig ding, aus dem wasser die metallen und stein und ir mineralia, aus dem luft der tau... aus dem feur der donner, stral, schnee und regen... darauf so folgt nun, das himel und erden, luft und wasser ein mensch ist in der scientia, und der mensch ist ein welt mit himel und erden...*[106] Wir werden später auf seine Elementenlehre noch zu sprechen kommen.

Der «Mercurius» ist ... *der liquor in dem menschen und derselbig sei manigfaltig, drumb auch manigfaltige art* (der Krankheit) *aus im gent...*[107] Der Mercurius wird durch die Körperwärme zum «Aufsteigen» (Sublimation) gebracht und gelangt dadurch zur Wirkung.

Zum Schluß noch ... *sol auch abgefertiget werden das salz als ein ander teil der dreien substanzen...*[108] Hohenheim erwähnt dessen negative Wirkungsweise im Körper wie folgt: ... *erstlich das uberfüllig essen, das die verdeuung bricht* (hindert)... (zum andern), *das zuvil luxus das sal auch in sein exaltation* (Überreizung) *treibt...* (wovon) *der luxus* (und) *coitus sein ursprung nem...*[109]

Ein indirekter Hinweis aus dem *Opus Paramirum* leitet über zu einer völlig andersartigen Krankheitsgruppe, die den Körper nicht unmittelbar betrifft, also nicht «organisch», physisch bedingt ist: *Nun ist es nicht minder, das noch außerthalb deren dingen allen ein ander art ist der krankheiten...*[110] Um 1531/32 überarbeitet und erweitert er seine bisherigen vorläufigen Ausarbeitungen zu den «unsichtbaren Krankheiten», wie er sie nennt, womit er psychisch bedingte Leiden meint.

Inzwischen ist er durch Bayern gezogen und weiter über das Vorarlberggebiet nach St. Gallen, wo er im Frühjahr 1531 eintrifft. In fünf Büchern *Von den unsichtbaren krankheiten und iren ursachen* sowie in zwei weiteren kleineren Abhandlungen stellt er «Untersuchungen [an] über die Einflüsse des Seelenlebens auf die Körpervorgänge, unter Berücksichtigung religiöser Probleme, des gesamten Aberglaubens und psychotherapeutischer Momente» (Blaser).

In einem seiner Entwürfe zu diesem Thema schreibt Hohenheim: *Aber von den krankheiten zu reden, so aus verzweiflung komen, deren seind vil und mancherlei, und so subtil und scharf, das sie gar schwer zu erkennen seind, man hab dan ir ein grunt vorhin und verstant derselbigen geschlechten* (Herkommen). *nun aber von der verzweiflung zu reden, wissent sein grund, was sei, und sein anfang domit. got hat einem ietlichen geben sein gewissen und ganz eigentumb, darinnen der mensch hat alles, das ein mensch haben sol in vernunft weisheit und dergleichen, frombkeit, redlikeit und dergleichen, auf das alles sol der mensch begnüget sein und weiter nicht forschen noch fragen. der aber daran nicht benüget wil sein, sondern sucht ein besseres, ein anders ... der zweifelt iezt, darumb so falt er in verzweiflung und henket an sich das widerspil. iezt nun so er im widerspil ligt und sucht, so ist er unterworfen allen geistern und satanischen gespenst, allen fliegenden fantaseien und allen leichtfertigen dingen. wie nun die seind, die fliegende fantasei ist, also ist er auch ... das ist ein schwere krankheit und ein große krankheit, die weit langet. sie nehmen auch vil seltzam töt und elende stend auf erden; dan sie wandlen nit in weg gottes, darauf sie gesezt sind ...*[111] Diese Anschauungen, die er dann noch wesentlich ausbaut, darf man zusammenfassend als eine der frühesten Dokumentationen zur Geschichte der Psychiatrie und Psychopathologie bezeichnen. Zugleich führen sie in ihren exegetischen und religiös-weltanschaulichen Intentionen über zu seinem weiteren theologischen Schriftwerk, das um jene Zeit entsteht.

Es würde den Rahmen dieser Studie weit überschreiten, wollte man die theologischen Anschauungen und die religiösen Absichten, also die gesamte *Theologia* des «Laienapostels» und «Predigers» Theophrastus Bombast von Hohenheim auch nur in groben Umrissen darstellen. Sie umfaßt in der Ausgabe der II. Abteilung, die unter der überaus verdienstvollen und sachkundigen Leitung des Paracelsus-Forschers Kurt Goldammer seit 1955 erscheint, etwa vierzehn Bände. Gleiche Überlegungen gelten ebenfalls für das paracelsische sozialpolitische Schriftwerk. Auch hierbei können wir uns nur auf wenige Punkte bzw. Perspektiven beschränken, um zu versuchen, seiner Gesamtpersönlichkeit wenigstens annäherungsweise gerecht zu werden. Immerhin lohnt es sich in jedem Fall, diesen Versuch zu wagen.

Symbolische Darstellung der Seele der Arznei. Holzschnitt

Schon in Salzburg, also im Jahre 1525, macht er sich Gedanken über sein künftiges theologisches Schreiben und Wirken: *Warum ich also lang verzogen und mich gesäumt habe von dem seligen leben christlichen glaubens zu schreiben, ist ohn ursach nit geschehen, eine ist die, daß die jugend nit soll vor der zeit aufgehen und nichts soll vor seiner zeit hervorbrechen, sondern die stund erwarten. zum andern nit allein mein jugend, sondern auch, daß mich andere sachen meiner fakultät abgehalten haben, wie die astronomey, auch die medizin und die werk der philosophey auch beschrieben würden, das ist was da antrifft das Licht der Natur. und lasse ein spätern herbst fallen zu der Heiligen Geschrift, damit dieselbig wohl zeitig werd.*[112]

Jetzt in St. Gallen und *im spätern herbst* seines Lebens entstehen weitere Schriften vorwiegend theologischer und sozial-politischer Art. Dabei wird er sich vorübergehend für ein paar Jahre von der Medizin und Naturwissenschaft abgewendet haben. Zumindest hat es den Anschein, daß diese in den Hintergrund verdrängt wurden, denn ganz «abgeschaltet» hat er nie von ihnen. Dazu war er zu sehr durchdrungen von seinem ärztlichen Sendungsbewußtsein, das selbst in den Theologica zum Durchschein kommt: *So wißt, daß die arznei kein glaub ist noch ein werk des glaubens, sondern sie ist ein exempel und liecht der natur und nit des glaubens. sie ist das sichtig wissen. darnach glaubet, als irs wölt verantworten.*[113]

Wir sollen zwar *wissen und nit wähnen,* doch *... wie ein punct in mitten seines zirkels stet, also stet got in mitten aller seiner kreften, allen seinen tugenden ...*[114]

Damit ist der Weg aller wissenschaftlichen Betätigung vorgezeichnet: Die Wissenschaften, vor allem die Medizin, haben sich dem Weltenschöpfer unterzuordnen. Daher empfiehlt er: *... ker wieder in die kindheit von dem, das du gelernet hast von den mentschen, und laß ir sorgen und ir angst, do sie mit irer weisheit gebrauchen, und gehe in die rue deiner kindheit, deiner einfalt. was rue ist uf erden? nix, keine! das ist ein rue: der got leßt sorgen ...*[115]

«Diesen Vorgang in seinem Leben, in dem die Not und die Übermacht der natürlichen Gewalten über ihn kommt, da seine Ehre gekränkt, der Sinn seiner Berufsaufgabe in Frage gestellt ist, da ihn allerlei Probleme bedrängen, kann man mit Worten neuzeitlicher Philosophie als ein existentielles Erlebnis bezeichnen, als Bewußtwerden der Nichtigkeit des Ich vor der Gewalt des Höheren. Das geliebte Leben, die Natur, die Erde, der Kosmos – sie alle werden ihm fragwürdig. Ihre Dämonie wird erspürt, ihre Gewalttätigkeit, vor der der Mensch sich nicht als Persönlichkeit behaupten kann»[116]: *... also auch wissen, daß wir das sollen bedrachten. dann so es dohin kommet, daß got den elementen gebeut über uns, so mus unser seel verzagen. dann wer kann weren, wer kanns wenden? nix als allein leiden, was die elementen tunt ...*[117]

Paracelsus. Holzschnitt (Ausschnitt), 1567

Der Weldtberühmte Philosophus
und Medicinæ Doctor
AUREOLUS PHILIPPUS THEOPHRASTUS
BOMBASTS VON HOHENHEIM PARACELSUS.

Aus diesen Worten spricht seine angesammelte Resignation der Welt gegenüber und allem menschlichen Tun, das im Grunde nutzlos scheint: *Alles das wir auf erden tun, ist nix dann trubsal. was ist danzen, springen, lauten* (singen), *musik, prassen, saufen? es ist nix dann ein ellends, betrubts, unbarmherzig wesen, mit aller trubsal umbfaßt. dann wer ist im danz seins lebens sicher? wer ist sicher im prassen seiner gesundheit? wem ist es bestendig, von wem weicht es nit? darumb ist es nichts dann ein große trubsal, alls was an uns ist und wir tunt.*[118]

Paracelsus kommt daher zu dem Schluß: ... *nichts ist, das uns auf erden, so wirs recht bedrachten wolten, erfreuen mag, sunder alles voller trauren und ellend, es sei doch wis woll. auf solch ellent betrachten* (wir) *der weltlichen ding und armut, feindschaft, widerwertigkeit, hoffart, übermut, betrug, falsch, lugen usw....*[119]

In seiner Sicht ist Gott und Gottes Werk in dieser Welt unmittelbar wirksam: in den Naturkräften und in allem Kreatürlichen, dem er Ort und Grenzen zuweist: *Darumb seindt die werk gottes wunderberlich. in derselbigen sollen wir uns verwundern, in der creaturn werk nit. dann got kann gesunt machen die kranken, darinnen sollen wir uns verwundern ... also kennet nun auch die menschen und creaturn der geisten* (Wirkkräfte)*: die machen die menschen gesund, sie machen vil dergleichen gleichnus. aber es deut nit auf solch meisterschaft, als das werk gottes ... darumb ist ihm nichts gleich ...*[120]

Dem Scharfblick Hohenheims entgehen daneben nicht die politischen und sozialen Probleme seiner Zeit. So setzt er sich beispielsweise mit der Obrigkeit, also mit den Fürsten, Richtern, Mächtigen und Reichen, sehr kritisch auseinander; bestimmen diese doch maßgeblich eine Welt voller Streitigkeiten, Kämpfe sowie sozialer Ungerechtigkeiten: ... *dann secht, was die bosen menschen und menner seindt, von den David hie sagt: sie seindt mechtig, reich und gewaltig; ir keiner ist arm, seindt all in großem ansehen, nun soll uns got vor ihnen behueten, dann ursach sie seindt die, die do beschirmen, die juden, die pfaffen, die mönch, die edelleut, die reichen, die dieb, die wucherer und bescheißer* (bis hin zu den) *kaufleut und kremer und dergleichen; und sie sinds selbs mit sampt ihnen ...*[121]

Dieweil nun die mechtigen, so die hand des gewalts haben, nix besseres seindt, als daß sie allein understehn, ir leben in gotlosen weg zu volfueren, so mussen sie auch gerust sein, daß sie wissen iren feind, das ist den, der ihn die warheit sagt. nun aber sie mugens nit gedulden ...[122]

Könige und Fürsten haben ihre Macht von Gott, nicht durch die Gunst der Menschen: *Das David do fürhelt, daß got der sei, der künig heil und gelück geb. nun ist das glück allein gottes hand und sterke. dobei vermeint der die künig gottes, nicht der menschen; dan die er nit auserwelt, dasselbig seindt nit künig vom weg, sonder ...*

Paracelsus. Kupferstich, 1736

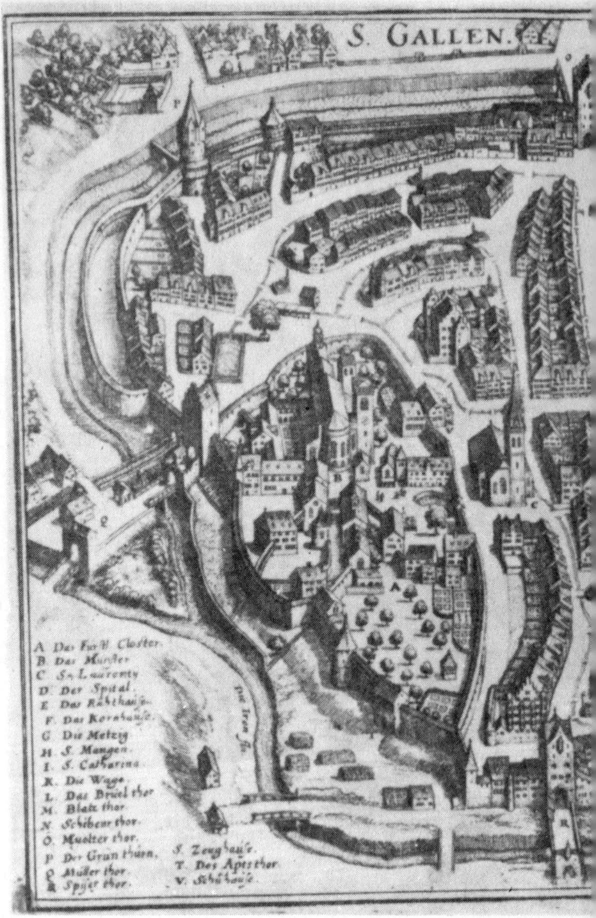

aus dem reich satane. also darauf zeigt er einen künig an, nemblich David ... (so) *verstanden, daß er nit Frankreich, Rom, Poland usw. vermeint, sunder die künig aus der ordnung Christi, nit der menschen ... darbei merket, was künig und fürsten nutz seindt oder was sie vor got gelten mit irem schwert, das David verflucht heist ...*[123] Jedoch: *... den got erwelt und setzt, denselbigen macht er so eighaft, so mechtig, so weis, so gerecht, daß er primogenitus ist der ganzen erden, das ist der erste under allen deren künigen, fürsten, herrn, so geborn seindt, ist diser der erst vor ihn allen ...*[124] Neben der Interpretation der Zehn Gebote, den Kommentaren zu den Büchern der

St. Gallen. Kupferstich

Propheten Daniel und Jesaja besteht der Hauptteil seiner Arbeiten zum Alten Testament aus der Exegese der Psalmen Davids.

«Bei keiner der uns bekannten großen Arztpersönlichkeiten spielen die Betrachtungen über Leben und Tod, Zeit und Ewigkeit eine so wesentliche Rolle, sind so unauflöslich mit dem eigenen Leben verbunden wie gerade bei Paracelsus, welcher als Seelsorger und Heilkundiger den Menschen hilfreich die Hand reichte, wenn sie aus dem Dunkel traten und eines Tages wieder darin versanken.»[125]

Kehren wir nun wieder zurück nach St. Gallen, wo Paracelsus für längere Zeit verweilt. Durch sein vorwiegend introvertiertes Leben wird er allmählich von der Umwelt isoliert, die seine Gedankenwelt entweder nicht versteht oder ihn als religiösen Schwarmgeist und medizinischen Ketzer einfach ablehnt. Man nennt ihn den «Waldesel von Einsiedeln», womit angedeutet werden soll, daß seine Ansichten und Meinungen hinterwäldlerisch sind. In St. Gallen begegnet ihm Vadian, der Lehrer längst vergangener Jugendjahre, da er auszog, die Wissenschaften zu studieren. Von ihm erhofft er sich Beistand und Rat und widmet ihm sein *Opus Paramirum*, das er hier fertiggestellt hat. Vadian, der inzwischen seine Wiener Professur aufgegeben hat und jetzt Bürgermeister der Stadt ist, distanziert sich jedoch von ihm – eine weitere herbe Enttäuschung für den sensiblen Mann. Der ehemalige Professor war unter die Reformatoren gegangen und engagierte sich alsbald bei den Protestanten. Hohenheim hingegen sieht die Notwendigkeit einer durchgreifenden Reform der Römischen Kirche durchaus ein; das betont er immer wieder. Doch verwirft er die Anwendung von Gewalt bei ihrer Durchführung.

So hat er beide Seiten gegen sich. Der katholische Klerus, mit dem er allerorts in Berührung kommt, greift seine kritische Stellung an, die er zum großen Teil dem Papsttum und dessen Machtanspruch gegenüber bezieht. Die Reformatoren zählen ihn ebenfalls nicht zu den Ihrigen, da er sich ihren Ideen nicht ohne weiteres anzuschließen vermag. So steht er mitten zwischen beiden Institutionen – ein Gottsuchender, der eine eigene Religiosität besitzt, jenseits der mehr orthodoxen Auffassungen beider Konfessionen. In seinem gesamten Werk – ob medizinisch, naturwissenschaftlich, philosophisch oder theologisch angelegt – formen sich Gott, Mensch und Welt zu einem Ganzen. Ein Beispiel hierfür sind seine Schriften über Kometen, Erdbeben, Fried-(Regen-)bogen und andere Himmelszeichen, *so in vier jaren* (1531 bis 1534) *einander nach im hymmel, gewülcke und lufft* (zu) *ersehen* sind. In diesen apokalyptischen Zeichen der Natur erblickt er den deutlichen Fingerzeig Gottes, der die Menschen mahnt, von ihren Kriegen und Freveleien abzulassen. Das Echo der Leser auf diese Auslegungen hin scheint positiv gewesen zu sein, schickt ihm doch der damals bekannte Züricher Prediger Leo Jud die folgenden Zeilen: «. . . wie mir euer büchlein, des cometen interpretation,

Innsbruck um 1580. Kolorierter Holzschnitt

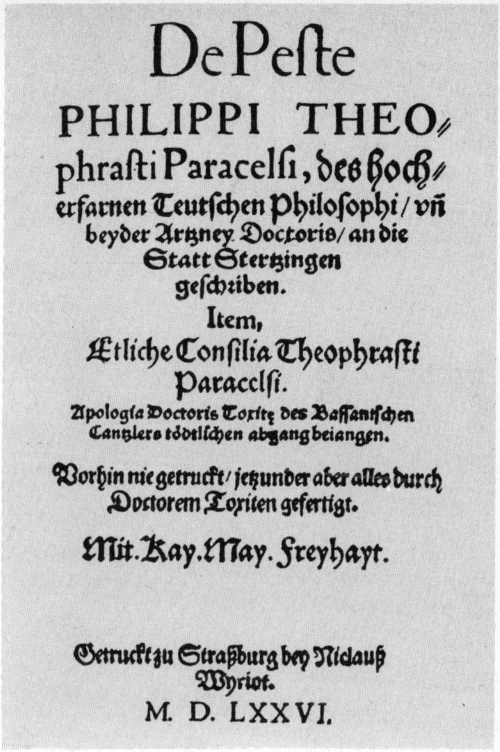
De Peſte
PHILIPPI THEO-
phraſti Paracelſi, des hoch-
erfarnen Teutſchen Philoſophi / vñ
beyder Artzney Doctoris / an die
Statt Stertzingen
geſchriben.
Item,
Etliche Conſilia Theophraſti
Paracelſi.
Apologia Doctoris Toxitę des Baſſantiſchen
Cantzlers tödtlichen abgang beiangen.
Vorhin nie getruckt / jetzunder aber alles durch
Doctorem Toxiten gefertigt.
Mit. Kay. May. Freyhayt.
Getruckt zu Straßburg bey Niclauß
Wyriot.
M. D. LXXVI.

Titelblatt zu «De Peste»

zukomen ist, hab ichs von stunt an uberlesen und dieselbe nacht noch in truckerei geben, die ist gleich worden truckt... got wöll, das wir uns darob besserent und got den vermanenden hörent, nit mehr; got spar euch alzeit gesunt.»[126]

Nach ungefähr zweijähriger Anwesenheit in St. Gallen treibt es ihn schließlich von dort fort. Seine Wanderroute führt ihn zunächst ins nahe gelegene Appenzeller Land, wo er um 1533 als Helfer der Armen und Notleidenden sowie als Laienprediger der *gemeinen, ungelehrten christen in alpen oder groben dörfern* umherzieht. Dort fragen ihn neben vielem anderen die Bauern, wie man sich gegen die Kälte des Winters am besten schützen könne. Doch der Doktor – wie seltsam – weiß es selber nicht. Er, der gegen alle Krankheiten und *übelständ* ein Mittel kennt, muß gestehen: *Im erfrieren der glider hab ich große nachforschung gehabt an denselbigen enden und örtern, wo sich solches am mersten teglich begibt, aber keinen rechten grunt weder von arzeten noch von andern erfaren... damit ich*

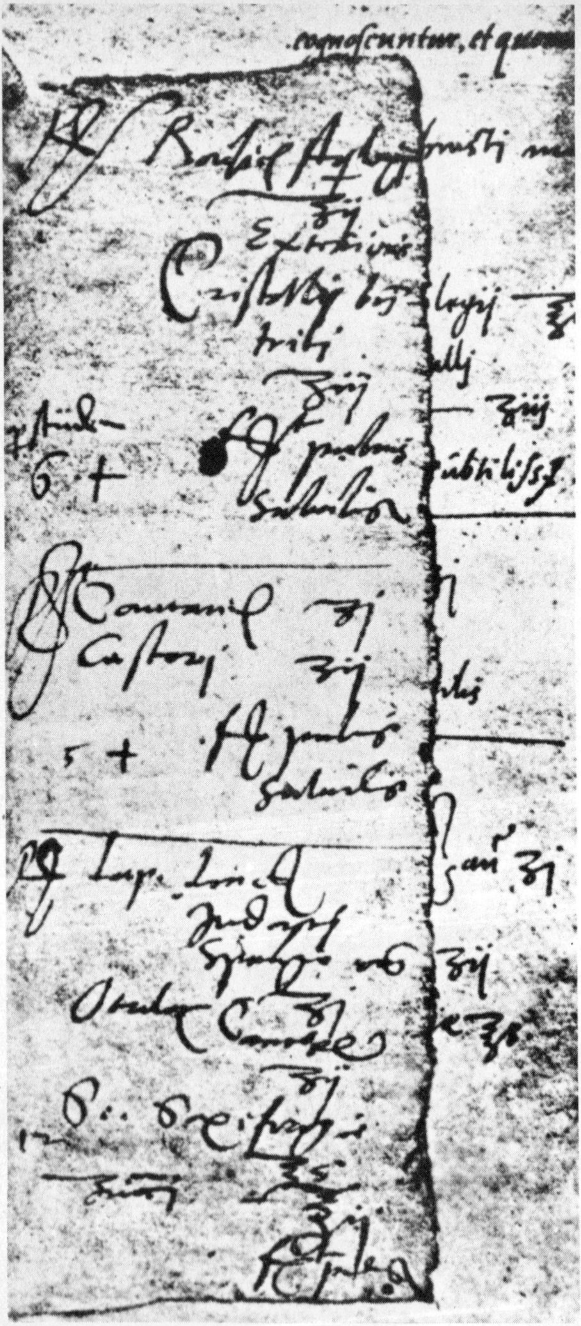
cognoscuntur, et quam

ein gewisse arznei euch fürhalten möcht.[127] Hiernach geht es weiter gen Innsbruck, wo man jedoch den Prediger-Arzt nicht lange dulden mag. Ein Abstecher ins nahe gelegene Schwaz gibt den endgültigen Anstoß zu seinem Buch *Von der Bergsucht ...*, das er gegen 1534 beendet.

Über den Brennerpaß kommt er anschließend in das Städtchen Sterzing, wo kurz zuvor die Pest zahlreiche Opfer gefordert hat. Hohenheim beschäftigt sich daraufhin mit dieser Seuche, fragt wohl auch die Leute aus, was sie dagegen unternommen haben und schreibt dann ein *Büchlein von der pest an die stat Sterzingen; ein kurze ordnung mit bewerten recepten.* Ein darin enthaltenes Rezept soll stellvertretend stehen für die Hunderte, die über sein gesamtes Opus (14 Bände der I. Abteilung) verstreut sind:

Also sol das trank gemacht werden, dardurch die pestilenz im schweiß ausgetriben wird:
eines guten gebranten weins ... ein moß,
eines guten tiriaks zwölf lot,
myrrhen vier lot,
wurzen von roßhuf sechs lot,
sperma ceti,
terrae sigillatae ietlichs ein lot,
schwalbenwurz zwei lot,
diptan, bibernel, baldrianwurzel ietlichs ein halb lot,
gaffer ein quint.
dise ding alle durch einander gemischet, in ein saubers glas wol vermacht, auf acht tag an der sonnen stehen lassen, nachfolgents dem kranken ein halben löffel vol eingeben oder ein löffel vol, nach ansehen (Konstitution) *der person, wol zugedeckt und in sechs stunden nichts zu essen oder trinken geben und handlen in alweg wie obstet.*[128]

Das Büchlein findet bei dem *ersamen fürsichtigen und weisen herren burgermeister und rat der stat* kaum Beachtung. Erst 1576 erscheint es in Straßburg im Druck.

Bald danach reist er über Meran, wo er mit der Wiedertäufer-Bewegung und ihrem religiös-sozialen Programm in Berührung kommt, nach Bad Pfäffers in der Schweiz. Dort findet er im Sommer 1535 für mehrere Monate im Kloster eine vorläufige Bleibe. Er untersucht gewissenhaft die segensreichen Heilwirkungen der natürlichen Quellen dieser Gegend, deren Wasser und Dämpfe aus *unterirdischen Laboratorien* ans Licht drängen. Seine Studien darüber legt er schon Ende August nieder in der Schrift *Von dem bad Pfeffers ... tugenden, kreften und wirkung, ursprung und herkomen ...* Hierzu fügt er an: *Die krefti des bats Pfeffers ze beschriben sol geschehen in den weg: der mensch hat örter an im der reinigung ... durch dieselbig* (treiben) *sie* (die *krefti*) *ire widerwertigkeit us, nun ist aber vil hin-*

Handschriftliches Rezept des Paracelsus. Nationalbibliothek, Wien

Titel zu «Practica Teutsch» («Vorhersagungen»)
des Paracelsus auf das Jahr 1535.
Dargestellt sind Mars und Venus

dernus an dem selbigen ort, also das die natur im ustriben oftmals ze schwach ist: ir ze helfen ist die arzni beschaffen ... dises bats würkung in angrifung der krankheiten wird volbracht in zwen weg, im usziehen der materien, us welcher die krankheit kumpt, zum andern in der verzerung derselbigen ...[129]

Die kleine Schrift ist kurz nach ihrer Fertigstellung auf Anregung des Fürst-Abtes des Klosters, Russinger, gedruckt worden. Sie stellt das früheste Zeugnis der wissenschaftlichen Balneologie dar, der Bäder- und Heilquellenkunde, die auch in unserer Zeit von Bedeutung ist. Für den Abt verfaßt Hohenheim noch ein Konsilium – *gegen des magens kelte, fluß vom haupt und das grieß* –, woran dieser offenbar litt. Dann begibt er sich wenig später durch das Allgäu nach Ulm, wo wir ihn Anfang 1536 finden.

In der Stadt an der Donau soll nun eines seiner Hauptwerke in Druck gegeben werden, an welchem er schon seit langem arbeitet: die *Große Wundarznei*, worinnen er alle seine Kenntnisse und Erfahrungen endgültig fixieren will. Es ist sein erstes medizinisches Opus, das den Namen Paracelsus trägt und diesem Namen weithin Geltung verschaffen wird. Das Druckhaus Varnier beginnt sogleich mit der Arbeit.

Der Paracelsus-Kenner K. Sudhoff vermerkt hierzu: «Mit der Sorgfalt der Korrektur hat er [Varnier] aber den Autor nicht zufriedengestellt, blieb auch mit der Fertigstellung stark im Rückstand, so daß diesem schließlich der Geduldsfaden riß, und er sich entschloß, das Ganze einem anderen Drucker zu übergeben, den er ... schon länger kannte, dem er auch vorher schon kleinere Sachen zum Druck zu seiner Zufriedenheit anvertraut hatte, dem Augsburger Drucker Heinrich Steiner ... In der bedeutenden Steinerschen Druckerei wurde das Werk ganz anders gefördert. Gegen Ende Juni 1536 begonnen, war der Druck des ersten Buches am 28. Juli vollendet, der des 2. Buches am 22. August 1536. Muß man den Ulmer Druck unbedenklich als den schöneren bezeichnen, so ist doch auch der Druck der ersten Augsburger Ausgabe ansehnlich in der Schrift und in der Ausstattung, eine gute typographische Leistung.»[130]

Mit schönen Holzschnitten versehen – verkaufspsychologisch von nicht unerheblicher Bedeutung –, ist die Auflage in einigen Monaten schon vergriffen. Eine neue mußte vorbereitet werden und erscheint im darauffolgenden Frühjahr.

Worauf läßt sich dieser große und über Jahrzehnte anhaltende Erfolg der *Großen Wundarznei* zurückführen? Wieder müssen wir uns auf Weniges beschränken. Der beste Überblick über dieses insgesamt 530 Seiten starke Werk läßt sich gewinnen, wenn man sich die von Paracelsus vorangestellten Inhaltsübersichten anschaut. Es heißt darin:

Der großen wundarznei das erste Buch des ergrünten und bewerten der beiden arznei doctors Paracelsi ... geschriben zu dem großmechtigsten durchleuchtigsten fürsten und hern, hern Ferdinanden, römischen künig, erzherzog zu Osterreich. – Ausgeteilt in drei tractaten. Der erst in die erkantnus der wunden, was wesens sie gegenwertig seient, was zukünftigs zu erwarten mit sumpt allen zufellen. – Der ander von aller heilung, so ie und ie bei den gerechten arzeten gepraucht vom anfang der arznei bis auf die iezig gegenwertig zeit. – Der drit von dem biß und hecken der vergiften tier, beinbrüch, alle art des brants und was dergleichen der wundarznei zustet, inhalt.[131]

Der großen wundarznei das ander buch ...: Ausgeteilt in drei tractaten: Der erst zeiget an die alten grunt und lehr, wie dieselbigen auch irrig gehalten und gewesen. – Der ander zeiget an, was der grunt und ursprung sei der ofnen scheden nach dem natürlichen liecht. – Der drit zeiget an die dreierlei heilung, im universal und in zwei particular.[132]

Der grossen Wundartzney
Das ander Bůch / Des ergründten vnnd bewertenn / bayder Artzney Doctors Paracelsi / Von den offnen schäden / vrsprung vnnd haylunng / Nach der bewerteun erfarennhayt / ohn irrsale vnnd weytters versůchen.

Geschriben zů dem Großmächtigisten / Durchleüchtigisten Fürsten vnd Herren / Herren Ferdinanden von Gottes gnaden Rhömischer / Vngerischer / vnnd Böhemischer Künig / Ertzhertzog zů Osterreich / vnserm gnädigisten Herren.

Außgethaylt inn drey Tractaten:

Der erst zayget an die alten grund vnd leer / wie die selbigen auch irrig gehalden vnd gewesen.

Der ander zayget an / Was der grund vnd vrsprung sey der offnen schädenn nach dem natürlichen liecht.

Der dritt zayget an dreyerlay haylunng im Vniuersal / vnnd inn zwey Particular.

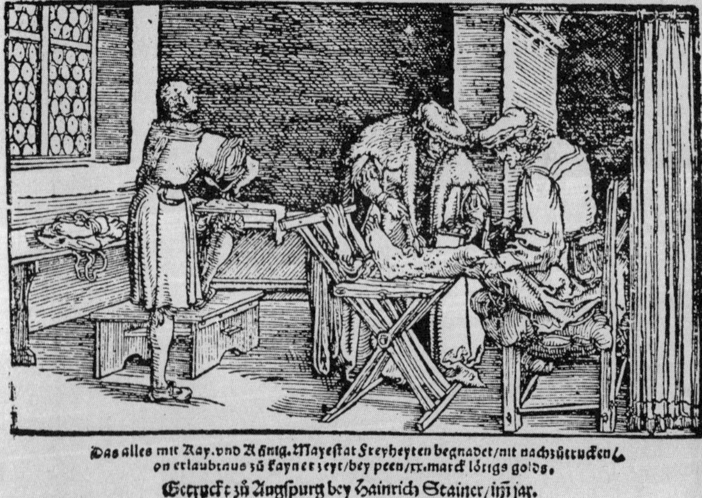

Das alles mit Kay. vnd Künig. Mayestat Freyheyten begnadet / nit nachzůtrucken / on erlaubtnus zů kayner zeyt / bey peen / xx. marck lötigs golds.

Getruckt zů Augspurg bey Hainrich Stainer / im jar.
M. D. XXXVII.

Titelblatt zum 2. Buch der «Großen Wundarznei», 1537

Vielleicht können wir die weitreichende Beachtung dieser umfassenden, außerordentlichen und fortschrittlichen medizinischen Enzyklopädie und damit verbunden den Erfolg ihres Autors Paracelsus nun verstehen. Er war es, der es als erster übernahm, den Ärzten jener Zeit ein fundiertes Handbuch zu bieten, das sich in jeder Hinsicht auf den neuesten Stand der wissenschaftlichen Erkenntnis gründete. Um einen Terminus unserer Zeit zu verwenden: die *Große Wundarznei* war bis weit in das 16. Jahrhundert hinein «up to date».

Im Herbst des gleichen Jahres erscheint noch die *Prognostication auff XXIIII jahr zukünfftig*, ebenfalls seinem Gönner König Ferdinand I. gewidmet. Auch diese Schrift, wiederum bei Steiner erschienen und mit 32 allegorischen Bildern versehen, findet überall starken Widerhall. Er kommentiert darin das Weltgeschehen, den Lauf der künftigen Dinge aus politischer, religiöser und philosophischer Sicht.

Von Augsburg aus unternimmt er Ausflüge in die nähere und weitere Umgebung, wo die Kranken geduldig auf ihn warten. Jedoch im Herbst hält es den Rastlosen nicht länger. Im Winter 1536/37 sieht er sich in München um und begibt sich kurz danach durch das nördliche Bayern nach Eferding in Oberösterreich, wo er bei dem Pfarrherrn Doktor von Brant wohnt, der sich nebenher als Adept der Alchimie betätigt. Ihm dediziert Hohenheim die nunmehr letzte Fassung seiner Ausarbeitungen *Von den Tartarischen Krankheiten*.

In der Klause des Pfarrers beschäftigt er sich mit neuen Aufgaben: Er beabsichtigt, sowohl sein äußerst differenziertes Weltbild wie auch seine in unauslotbaren Tiefen wurzelnde Weltanschauung in einem einzigen, breit angelegten Werk darzulegen. Doch dazu kommt es vorerst nicht. Eines Tages bringt ein Bote die Nachricht, daß im weit entfernten Kromau in Mähren eine Person von Rang erkrankt sei und um den ärztlichen Beistand des berühmten Doktors Paracelsus ersucht. Man mag daran ermessen, wie weit sein Ruf inzwischen durch alle Lande gedrungen ist; von überall her bat und bittet man ihn um Hilfe. So begibt er sich nach Mährisch-Kromau, wo er etwa im ersten Jahresdrittel 1537 eintrifft. Den dort ansässigen Erbmarschall des Königreiches Böhmen, Johann von der Leipnik, behandelt er auf dessen Schloß, wo er sich ungefähr ein halbes Jahr aufhält. Leipnik galt als Beschützer verfolgter protestantischer Sektierer, die er in jeder nur möglichen Weise unterstützte. So wird es zwischen den beiden Männern zu manchem Meinungsaustausch gekommen sein, zumal der Marschall in theologischen Dingen durchaus beschlagen war. Die zuvor begonnenen schriftstellerischen Arbeiten setzt Paracelsus inzwischen mit gesteigerter Aktivität fort und bringt sie im Laufe der Zeit zum Abschluß.

Die *Astronomia Magna oder die ganze Philosophia sagax der großen und kleinen Welt* ist das Thema, dem er sich nun zuwendet. In diesem Werk entwirft er sein esoterisches Weltbild, das im wesentlichen theosophisch bzw. theologisch-metaphysisch und kosmosophisch geprägt ist. Das Wirkungs- und Tätigkeitsfeld des Menschen, auf das er kausal angewiesen ist, sowie alle Dinge, Wesenheiten und Seinsbereiche finden hier ihren Platz, sie seien materiell oder immateriell, belebt oder unbelebt. Diesen Kategorien ordnen sich ein: die okkulten Wissenschaften, die den geheimen Kräften dieser Welt und ihrem unsichtbaren Wirken in der Natur und im Menschen nachspüren; sodann die Naturwissenschaften, deren Aufgabe, ja Ethos es ist, diese Kräfte ins *Licht der Natur* zu bringen, aus dem heraus sie ausschließlich erkannt werden können; ferner die Religion, die gläubige Hinwendung zu Gott, welche dem Suchenden das *Licht der Gnade* erwirkt, ohne das er nicht und nichts zu sehen und zu begreifen vermag. Endlich ist es die Unterwelt mit all ihren Teufeln und bösen Geistern, die dem Menschen gefährlich werden können, indem sie ihn vom Weg der Tugend, aber auch durch allerlei Gaukelspiel und Täuschung von dem Weg der rechten Erkenntnis dieser Welt und der ihr zugrunde liegenden immanenten terrestrischen und kosmischen Gesetze abzubringen versuchen. Diese vier Bereiche, innerhalb derer wir uns bewegen und sind, faßt Paracelsus zusammen:

Der astronomiae sind vier, geteilt in vier ordnung, keine wie die ander. dieweil aber operatio sich zusamen vergleichet, werden sie bilich influentiae genennet. wie dieselbigen vier influentiae gegen dem menschen sich uniren, concordiren, imprimiren, operiren, ein iegliche nach irer art und eigenschaft, sollen ir... also erkennen...[133]

Fragen wir uns: was bedeutet der Begriff Astronomie in seiner Sicht? Für ihn ist sie das Wissen und Erkennen der gesamten «Welt», also der Umwelt wie auch des Kosmos, die er beide im Rahmen der Daseinsordnung in einem wirkenden Zusammenhang sieht. Mittelpunkt dieses Rahmens ist der Mensch. Er trägt das Firmament, das auf ihn einwirkt, und die Erde, die ihn bindet, in sich: Er ist der Mikrokosmos, angetreten nach den Gesetzen des Makrokosmos: *Darumb, das nun der mensch aus der erden kompt, aus dem himel, darumb muß er leiden,* (wie) *sie leiden müssen, und muß auch an sich ziehen dasselbig, das in inen ist. dan er hat dieselbigen in ime, darumb gehet auch die fürung aus demselbigen. dan warumb begert der mensch zu essen, dan darumb das er aus der erden ist, warumb zu trinken? darumb das er vom wasser ist. warum den atem? darumb das er vom luft ist. warumb werme? darumb das er vom feuer ist.*[134]

Dies schrieb er schon im *Paragranum.* So trägt er das ganze, lebendige Universum in sich und die Elemente, aus denen es aufgebaut ist:

Erstlich seind geschaffen die elementa, und die elementa seind nichts dan ein subiectum, durch das etwas volbracht sol werden: das ist, sie seind die ding, in die das vivum gelegt ist. dise bewegung ist das da regirt den leib, also ist ein regirer und ein herscher in den elementen der aus inen treibt, was in inen ist... Und wiwol ein underscheit ist alda zwischen den creaturen und dem menschen, ist alein die: dieweil der mensch nach der bildung gottes geschaffen ist, folgt

Flugblatt mit dem Bildnis des Paracelsus, umgeben von Inschriften und Bildern. Von Balthasar Jenischen, vor 1565

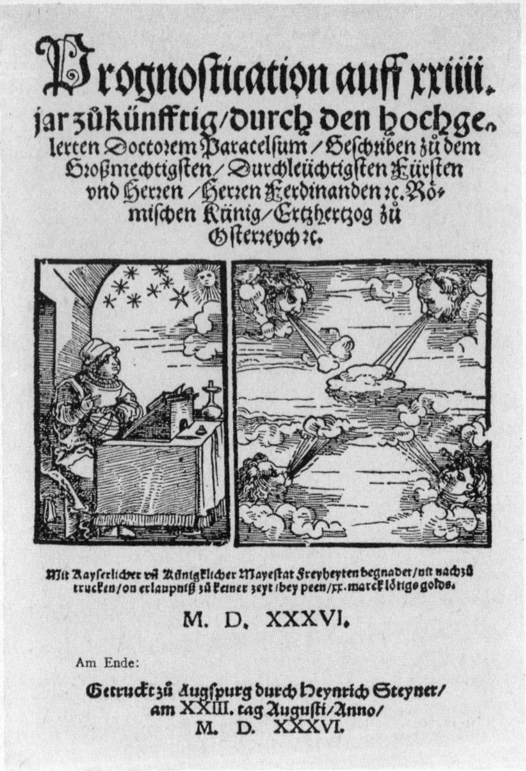
Prognostication auff xxiiii.
jar zůkünfftig/durch den hochge-
lerten Doctorem Paracelsum/Geschriben zů dem
Großmechtigisten/Durchleüchtigisten Fürsten
vnd Herren/Herren Ferdinanden rc. Rö-
mischen König/Ertzhertzog zů
Osterreych rc.

Mit Kayserlicher vnd Königklicher Mayestat Freyheyten begnadet/nit nachzů
trucken/on erlaupniß zů keiner zeyt/bey peen/xx. marck lötigs golds.

M. D. XXXVI.

Am Ende:

Getruckt zů Augspurg durch Heynrich Steyner/
am XXIII. tag Augusti/Anno/
M. D. XXXVI.

Titelblatt zur «Prognostication auff XXIIII jar», 1536

hieraus, das er ein tier ist in dem, das er aus der creatur gemacht ist und dabei in götliche vernunft gesezt …[135]

A. Vogt schreibt in seinem Buch über «… diese 4 anthropologischen, das Wesen des Menschen bestimmenden Gegebenheiten [welche sind:] Stoff, Kraft, Leben, Seele, entsprechend den paracelsischen vier Stufen des Existierenden: 1. Leib der oberen und unteren Sphäre mit den Elementen als Subjektum. – 2. Lebendiger Geist als ‹vivum›. – 3. Der Mensch als biologische Kreatur neben den anderen Kreaturen. – 4. Der Mensch als von Gott nach seinem Bilde geschaffenes Idealwesen. – … Die Weiterentwicklung der paracelsischen Gedanken durch die Forschung der Alchimie und Iatrochemie späterer Zeiten zeigt, daß seine Theorien durchaus den Charakter von Arbeitshypothesen hatten.»[136]

Das ist richtig. Doch sind die Gedanken, die in der *Astronomia Magna* zum Ausdruck kommen und bis an die Grenzen unserer Erkenntnismöglichkeit und -fähigkeit heranreichen, hier, in diesem Werk, weniger hypothetischer Art. Sie stellen vielmehr den Versuch dar, den ernsthaften Versuch, diese unsere Welt und das Geschehen in ihr als das Prinzip des Seins, sowohl des Da-seins als auch des So-seins überhaupt zu verstehen: *... ich traktir die kraft der sternen und des natürlichen liechts, die ding alle wol zu entdecken, wie die groß welt dem microcosmo vereinigt und vermelet sei ... dan nicht aus dem menschen selbst, sonder aus solcher gemelter anzeigung wird der microcosmus in ein erkantnus bracht. dan in einem kleinen körper regiren und seind die planeten und elementa.*[137] Paracelsus projiziert gleichsam das innere Erleben des Menschen in die äußere Sphäre seiner Daseinsweise: *... nun ist die ordnung in den weg, das ich alle die species, so der astronomei verwant sein und durch sie beschehen, durch kunst oder durch sich selbst, nach der ordnung underschitlich beschriben. so ich nun in solcher arbeit gewesen bin, hat mich von nöten angesehen zu sein, ein eingang und underricht zu geben vom herkomen der menschen, damit man möge erkennen, was gemeinschaft, verbüntnus und einikeit mit einander haben die eußern wesen gegen dem menschen ... also hab ich mit dem liecht der natur angefangen, und ungezweifelt in got dem hern, im liecht des ewigen beschließen.*[138]

Wenden wir uns nach diesem Exkurs über die paracelsische Philosophie wieder den allgemeinen Geschehnissen jener Tage zu. Auf dem Rückweg von Böhmen nach Österreich macht Hohenheim Zwischen-

Eferding. Kupferstich

station in Preßburg, wo man «zu Michaeli», also Ende September 1537, ihm zu Ehren ein Festmahl veranstaltet. Im Hause des Richters Beham, wo das Essen stattfindet, versammelt sich an diesem Tag die Prominenz der Stadt; Räte, Geistliche und natürlich auch die Ärzte wollen mit dem berühmten Gast disputieren.

Gegen Ende des gleichen Jahres trifft er in Wien ein, wo er gewiß seine ehemalige Alma mater besucht haben wird. Doch lehnen ihn die vorwiegend konservativ eingestellten medizinischen Autoritäten ab, da er ihnen hinsichtlich seiner Heilmethoden äußerst suspekt erscheint. Paracelsus wird hier zweimal zu Audienzen bei seinem Gönner König Ferdinand I. vorgelassen – ein Zeichen dafür, daß der Fürst ihm immer noch gewogen ist. Das steht im Widerspruch zu dem, was man viele Jahre später behauptet hat: Der Erzherzog habe ihn den größten Schwindler genannt, der ihm je unter die Augen getreten sei. Möglicherweise liegt hier eine Verwechslung vor, oder man wollte ihn ganz einfach post festum verleumden.

Von Wien aus wandert Paracelsus nach Villach, seiner zweiten Heimat, um im Mai 1538 beim Stadtamt eine Urkunde über Leben und Tod des Vaters zu beantragen, der vier Jahre zuvor gestorben ist. Im August ist er in St. Veit an der Glan (hier Abschluß der *Astronomia Magna* ...) und begibt sich von dort aus ins nördliche Lavanttal auf Konsultationsreisen. Vorher hatte er noch drei seiner Schriften, die *Chronica und ursprung dises lants Kernten,* das Buch *Vom Irrgang der Aerzte* sowie die *Defensiones,* eine Apologie in eigener Sache, ausgearbeitet. Dem *Irrgang* ... entnehmen wir die Sätze: ... *und ob schon der ungleubig ein arzt ist on suchung des reich gottes, so wirts dahin vermeint, on got wird nichts. der geist geistet, wa er wil, ist niemants eigen; er hat sein freien willen. darumb so muß der arzt seine principia im selben auch nemen, und on in ist er nichts als ein pseudomedicus und ein errant* (Irrender) *eins fliegenden geists.*[139]

Diese Trilogie, deren einzelne Teile schon früher erschienen waren, widmet er den in Klagenfurt tagenden Ständen. Die Widmung wird huldvoll angenommen und baldige Publikation versprochen. Doch hierbei blieb es einstweilen. War es die Schwerfälligkeit der Behörden oder ein Einspruch seitens der Medizinischen Fakultät zu Wien? Erst im Jahre 1955 (!) entsann man sich dieses Versprechens und löste es durch die Ausgabe eines umfänglichen Prachtbandes ein. Im Frühjahr 1540 begibt sich Paracelsus nochmals nach Klagenfurt, um nachzufragen, wie es mit der Edition der Trilogie bestellt sei. Man wird ihn mit schönen Worten empfangen haben; es geschah jedoch nichts. Hier in Klagenfurt fühlt er sich so krank und schwach, abgekämpft nach all dem Ringen um Anerkennung und Respekt, daß er einen Konsultationsritt nach Pettau ablehnen muß. Er teilt dem um ärztliche Hilfe nachsuchenden Freiherrn zu Sonnegg mit: ... *das ich solchem begeren nach schwacheit halben nicht wol stat tuen mag, neben dem, das ich ietzo aus dem lant, ob got wil, willens zu verreiten, und derhalben brief teglich alhier gewartund bin.*[140]

CABALA
T·B
Aureolus Philippus Theophrastus Paracelsus,
ex Familia Brombastorum ab Hohenheim,
Philosophus, Medicus, Mathematicus, Chimista,
Cabalista, rerum naturæ industrius, indagator ✶
Alterius non sit, qui suus esse potest ✶ Laus Deo,
Pax vivis, Requies æterna sepultis.

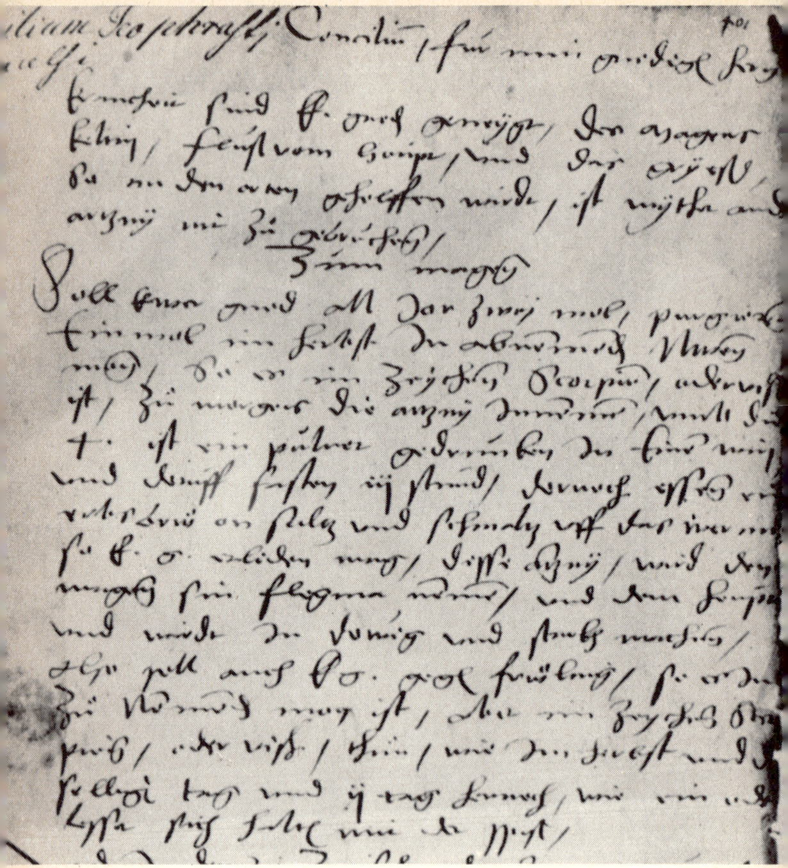

Handschrift des Paracelsus aus seinen späteren Jahren. Stiftsarchiv, St. Gallen

Der Brief, den er erwartet, trifft kurz darauf ein: Der Fürstbischof Ernst von Wittelsbach ruft ihn nach Salzburg, in eben jene Stadt, die er fünfzehn Jahre zuvor als Flüchtling verlassen mußte. Doch sein Wirken hier ist nicht von langer Dauer. Er fühlt, daß der Tod nach ihm greift: ... *die werk zeigen an, daß die arbeit aus ist und zeitig ist. die zeit der geometrie* (des Wanderns) *ist zum end gangen, die zeit der philosophei ist zum end gangen, der schnee meins ellends ist zum end gangen. was im wachsen ist, ist aus. die zeit des sommers ist hin.*[141]

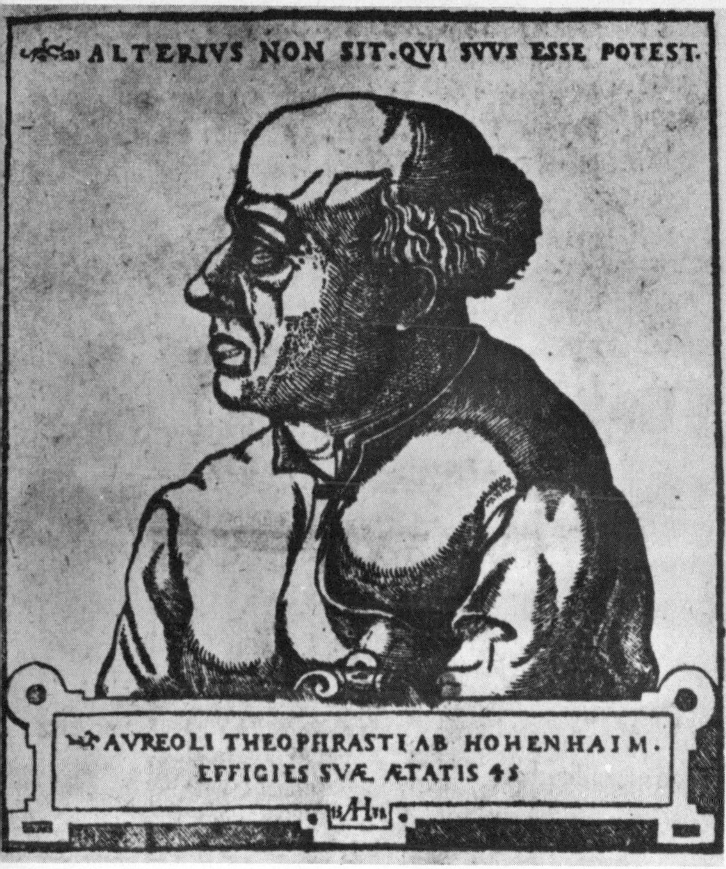

Gesichertes Bildnis des Paracelsus im 45. Lebensjahr.
Stich von Augustin Hirschvogel, 1538

Am 21. September 1541 diktiert Paracelsus einem Notar *schwachs leibs an einem reisebettl sitzendt* sein Testament. Seine wenige Habe vermacht er ein paar Freunden, das meiste davon den *arm, ellend, dürfftig leuth der* Stadt Salzburg.

Drei Tage darauf, am Samstag, dem 24. September 1541, tritt er seine letzte große Wanderung an. Noch am gleichen Tag wird er auf dem Armenfriedhof von St. Sebastian begraben. Auf seinem erst viel später angebrachten Grabstein steht die in Latein abgefaßte Inschrift:

Hier ruht begraben
PHILIPPUS THEOPHRASTUS

der ausgezeichnete Doctor der Medizin, der jene argen Wunden, Aussatz, Podagra, Wassersucht und andere unheilbare Krankheiten des Leibes mit wunderbarer Kunst heilte und all sein Gut unter die Armen verteilte.

Im Jahr 1541, am 24. Tag des September hat er
das Leben mit dem Tod vertauscht.
PAX VIVIS, REQUIES AETERNA SEPULTIS

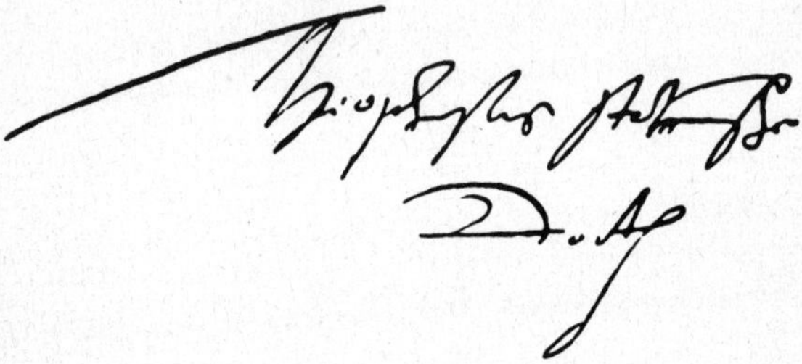

Das zweite gesicherte Paracelsus-Bildnis.
Es stammt ebenfalls von dem Stecher Hirschvogel
und zeigt den Siebenundvierzigjährigen, 1540, ein Jahr vor seinem Tode

EXKURS: ZUR WÜRDIGUNG DES GESAMTWERKES

Sucht man einen festen Standpunkt zu gewinnen, einen Ort, von wo aus man die vielfältige und farbige Landschaft der Paracelsischen Gedankenwelt zu überschauen vermag, so erweist sich dieses Unternehmen im Grunde als undurchführbar. Das Licht, das immerhin die Umrisse einzelner Formen und Strukturen hervortreten läßt, wird überlagert von dunklen Schatten, die eine genauere problemgeschichtliche Durchleuchtung verhindern.

Bei Paracelsus sind äußeres Leben und inneres Erleben untrennbar miteinander verbunden. Die rastlosen Wanderungen durch die verschiedenartigsten Länder haben ihr adäquates Pendant in seinen unsteten Streifzügen durch die unterschiedlichsten Gefilde des Geistes. Weit davon entfernt, sich irgendeinem System anzugleichen oder gar unterzuordnen, versuchte er, seinen eigenen, von Anfang an vorgezeichneten Weg zu gehen. Dieser führte ihn vielfach nahe an die geistigen Strömungen seiner Zeit heran, um dann wieder der eigenen Richtung zu folgen. Aus diesem Mit- und Gegeneinander von eigenständigen Vorstellungen und Ideen und den beharrlichen Einflüssen der Umwelt erwuchs allmählich jenes merkwürdige und mehrdeutige Wissenschaftsgebilde, das man in erster Näherung als das Paracelsische System bezeichnen kann.

Doch bei näherem Hinsehen erkennt man, wie uneinheitlich und vielschichtig dieses System sich expliziert. Diese Heterogonie ist es dann auch, die seine ganzheitliche Erfassung nur in begrenztem Umfang als sinnvoll erscheinen läßt. Zu vieles bewegt sich außerhalb des Bereichs eines Begreifens und einer logischen Durchdringung für den heutigen modernen Wissenschaftler. Überdies ist der zeitliche Abstand von weit über vier Jahrhunderten zu groß, um die Denkart Hohenheims, aus der sich sein Weltbild und seine Weltanschauung herleiteten, zu erfassen. Sie sind durchsetzt von neuplatonischen Leitgedanken vorwiegend gnostischer und kabbalistischer Art. Daneben finden sich natürlich-magische, astrologische bzw. astrologisch-astronomische und mantische Motive, die sein pansophisches Denken stark beeinflußten.

Seine Theologie und Theosophie berühren ebenfalls diese Gebiete, doch sind hier zusätzlich noch andere Voraussetzungen gegeben. Ausgehend von der Eschatologie, die vom Endschicksal des einzelnen Menschen und dem der Welt handelt, führte sein Gedankenflug über die Sakramentenlehre bis hin zur Soteriologie, der Lehre vom Erlösungswerk Christi sowie der Immanenz Gottes in dieser unserer Welt. Hierbei kam der Christ und Arzt Paracelsus zu einer neuartigen Auffassung der Natur und vor allem des Menschen, seiner Stellung und Bestimmung im natürlichen, umweltlichen Geschehen. In seiner Schau bedingen und durchdringen Kosmos und Mensch, Schöpfung und Individuum einander. Beide sind nach dem gleichen Plan angelegt; somit müssen sie auch den gleichen, planmäßigen Gesetzen folgen.

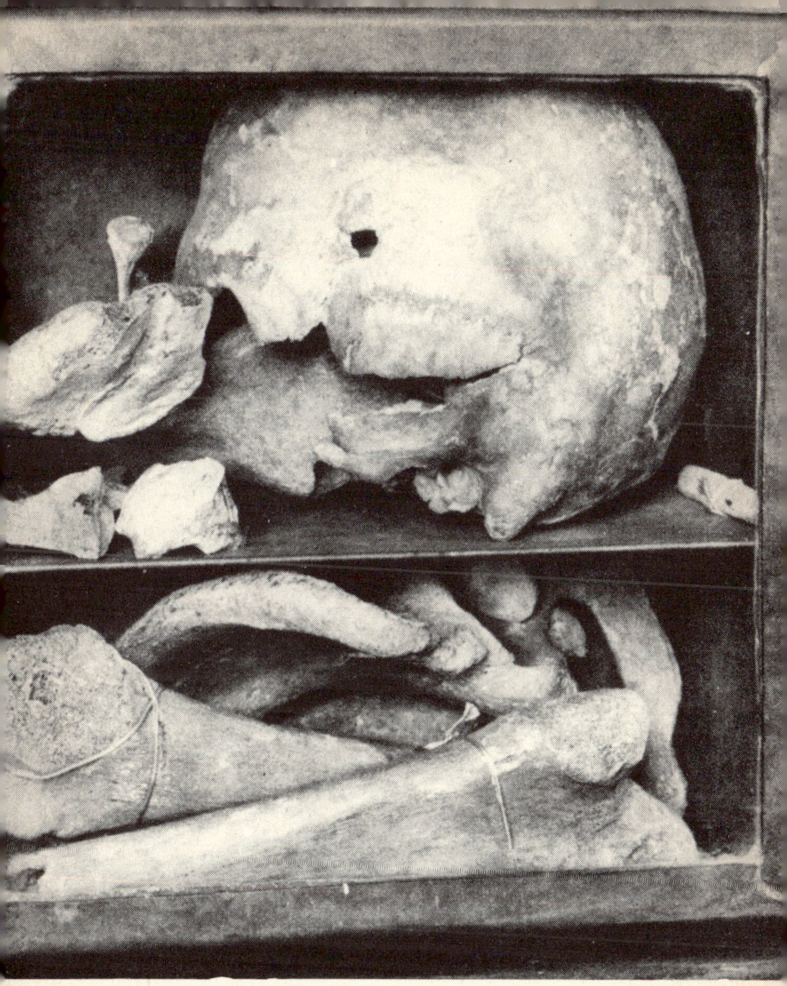

Die Gebeine des Paracelsus

Der Mikrokosmos «Mensch» ist nur zu verstehen, seine menschlichen Krankheiten und Gebrechen nur zu heilen, wenn man diese Gesetze aus dem «Licht der Natur» heraus zu erkennen und zu deuten vermag.

Damit ist die unüberbrückbare Kluft zwischen Hohenheim und den Ärzten und Wissenschaftlern seiner Zeit aufgerissen. Der Mensch und seine Leiden wurden nicht mehr isoliert, als mehr oder minder interessanter «Fall» betrachtet, den man studierte und mit überlieferten (oftmals unzulänglichen) Heilmitteln auszukurieren hatte. In paracelsischer Sicht hingegen ist er ein Auszug aus den vier Elementen und den ihnen zugrunde liegenden *Tria Prima* sowie den Gestirnen mit ihren Kräften und Impressionen, deren *alle der welt eigenschaft* es zu erforschen galt. Die Verhüllung der Natur, die ohne eine direkte Anfrage – im Experiment – nichts preisgibt, erweckte in ihm das Bedürfnis nach Erkenntnis und Realisierung der ihr innewohnenden vital-dynamischen Prozesse und Möglichkeiten.

Aus der Summe dieser Intentionen heraus entwickelte er sowohl ein eigenes Naturdenken und daraus seine Naturphilosophie wie auch seine originale praktische Tätigkeit als Arzt und Alchimist. Der Paracelsus-Forscher W. Schneider bemerkt hierzu: «... Bei Paracelsus kamen eingehende alchemistische und wundärztliche Kenntnisse zusammen. Er war auf beiden Gebieten der erfahrene Praktiker. In Villach hatte er gelernt, chemisch zu arbeiten. Er beherrschte den Umgang mit den Tiegeln zum Glühen ebenso, wie mit den Aludeln zum Sublimieren und den Alembiks, Ampullen und Retorten zur Destillation. Er kannte eine Unmenge Substanzen, die noch nie medizinisch erprobt waren. Er kannte auch die Theorien von der Allheilwirkung des Steins der Weisen und von den Kräften der Quintessenzen. Während des Studiums hatte er dann gehört, welche Wirkungen die Mineralien und einige Metallverbindungen gemäß der antiken Überlieferung haben sollten. In den Wanderjahren bot sich genug Gelegenheit, das Erlernte anzuwenden, und tatsächlich finden wir in den Paracelsischen Werken fast das gesamte Rüstzeug der damaligen offiziellen Pharmazie verzeichnet... Außer solchen zeitgemäßen Arzneistoffen sind ... noch weitere verzeichnet ... Diese Präparate sind in der offiziellen Therapie jener Zeit höchst ungewöhnlich, sie sind ausgesprochen Paracelsisch ... Welche Überlegungen können [ihn] zu diesem wichtigen Schritt, der über die ersten Grundlagen seiner Arzneitherapie hinausging, veranlaßt haben? ... Wir sind auf Vermutungen angewiesen, wobei sich viele Möglichkeiten anbieten. Sie reichen vom bloßen Zufall, der die Entdeckung einer Arzneiwirkung veranlaßt und den Anstoß zu weiteren Experimenten gegeben haben kann, bis zu wahrscheinlicheren Überlegungen, die ... aus den Grundlagen Alchemie, Schulmedizin, Volksmedizin und Chirurgie abgeleitet werden können.»[142]

Als Ergänzung sei noch eine von W. Pagel aufgestellte Liste auszugsweise angeführt; Pagel faßt in acht Punkten die paracelsische Originalität hinsichtlich seiner medizinischen Leistungen wie folgt zusammen: «1. Die Beschreibung der Bergsucht als einer Berufskrankheit und ihre korrekte ätiologische Deutung. – 2. Fortschrittliche und zum Teil originelle Beschreibung der vielgestaltigen Formen der Syphilis einschließlich der angeborenen Krankheit samt vernunftgemäßer Zurückweisung der Guajak- und heroischen Quecksilbertherapie. – 3. Kenntnis der diuretischen Wirkung des Quecksil-

Destillationsofen. Mit solchen und ähnlichen Apparaturen laborierten die Alchimisten-Ärzte, um den Arzneien die wirksamen «Essenzen» zu entziehen. Holzschnitt, 1500

bers und seines Nutzens in der Wassersucht. – 4. Die Verbindung von Kropf mit Mineralien und Trinkwasser. – 5. Antiseptische und konservative Prinzipien in der Wundbehandlung einschließlich der Anerkennung der Heilkraft der Natur. – 6. Chemiatrie und Versuch der Ungiftigmachung anorganischer Präparate, nebst Erkenntnis der sedativen Wirkung ätherähnlicher Produkte. – 7. Zurückweisung der antiken Säftelehre und Ersatz durch eine neue Krankheitslehre. – 8. Erkenntnis der Unterstützung der Magenverdauung durch gewisse und Schädigung durch andere Säuren, nebst Beobachtung von Eiweißgerinnung durch Säure.»[143]

Das Bild rundet sich. Einerseits lebte Paracelsus in einer dualistisch geprägten Epoche, deren geistigen und umweltlichen Einflüssen er sich nicht zu entziehen vermochte. Er hat sie verarbeitet oder verdrängt, je nach dem, wie sie seinen eigenständigen Vorstellungen entgegenkamen oder zuwiderliefen. Andererseits war er dadurch allmählich zu einem Einzelgänger geworden, einem Individualisten, erfüllt von seinem Sendungsbewußtsein und seiner Persönlichkeit, auf die keine Schablone paßt.

ANMERKUNGEN

Römische und arabische Ziffern ohne weitere Angaben beziehen sich auf Abteilung, Band und Seitenzahl der folgenden Ausgaben:

a) Paracelsus: Sämtliche Werke. Abt. I (Ausgabe von Karl Sudhoff)
b) Paracelsus: Sämtliche Werke. Abt. II (Ausgabe von Kurt Goldammer)
c) NAP = Nova Acta Paracelsica, 1944 f

1 De Concord. cathol. III, 32
2 I/10, 284
3 Nikolaus von Kues, Schriften, 45 f
4 Nikolaus von Kues, Schriften, 45 f
5 Erasmus von Rotterdam, Lob d. Torheit, 70 f (Ausg. Reclam)
6 Ebd., 41
6a I/11, 163
7 I/1, 171
8 Albertus Magnus, Physica, Lib. VIII, II
9 I/1, 237
10 I/1, 6
11 I/10, 654
12 I/10, 654
13 I/8, 181, 185
14 Hs. «E», Bibl. Inst. de France
15 Hs. Windsor Lib., Bl. 131
16 J. Fernel, «De abditis rer. causis»
17 NAP 1944, 38
18 I/10, 199 f
19 NAP 1944, 41
20 I/12, 37
21 I/10, 354
22 I/9, 641
23 I/1, 179
23a II/7, 144 f
24 I/11, 151 f
25 I/11, 4 f
26 I/10, 354
27 I/12, 97 f
28 I/12, 193 f
29 I/12, 195
30 I/10, 19
31 B. de Telepnef in: NAP 1945, 33–74. (Diese Angaben wurden von manchen anderen Autoren ganz oder teilweise übernommen.)
32 Sudh.-Archiv, 1960, 218 f
33 I/4, 144
34 I/8, 49
35 I/9, 229
36 I/7, 357
37 I/4, 493 f
38 I/7, 69 f
39 I/10, 12
40 Jo. Pici oratio de hom. dignitate, 23 f
41 I/10, 12 f, 484. I/4, 141. I/11, 154
42 I/10, 12
43 I/10, 224
44 I/10, 19 f
45 I/6, 180
46 I/10, 20
47 I/10, 20
48 I/10, 115
49 I/10, 115
50 I/10, 115
51 I/10, 116
52 I/2, 36
53 I/10, 126
54 I/10, 233
55 I/11, 24 f
56 I/3, 93
57 I/7, 374
58 NAP 1946, 147 f
59 I/6, 277
60 1/10, 548
61 I/6, 54
62 I/10, 510
63 I/9, 139
64 I/5, 132
65 I/7, 291
66 I/11, 189
67 I/8, 137
68 NAP 1946, 154
69 Paracelsus, Sämtl. Werke, Ausg. Aschner, Bd. III, 207
70 I/10, 95 f
71 I/1, 349 f
72 I/3, 409
73 I/1, 181
74 I/1, 167 f
75 191, K. Sudhoff, Vers. einer Kritik d. Echth. d. Parac. Schr. Berlin 1899
76 Salzb. Mitt. 1918
77 I/8, 34

78 I/3, 379
79 I/2, 365
80 I/2, 369
81 Paracelsus, Sämtl. Werke, Ausg. Aschner, Bd. I, 937
82 I/3, 565
83 I/4, 91
84 I/4, 100
85 I/4, 3
86 I/8, 58
87 I/4, 112
88 I/4, 75
89 Staatsarchiv Basel Stadt, St 73 D 18
90 I/6, 35
91 I/6, 35
92 I/6, 179
93 I/6, 306 f
94 R. H. Blaser, Himmel und Erde machen den Menschen. Salzburg 1958, 161
95 I/7, 417 f
96 I/8, 130
97 I/7, 382
98 I/8, 55 f
99 I/8, 68, 71
100 I/8, 91, 100
101 I/8, 181
102 I/8, 303, 205, 215
103 I/9, 40
104 I/9, 51
105 I/9, 83
106 I/9, 91, 95
107 I/9, 101
108 I/9, 105
109 I/9, 105
110 I/9, 113
111 I/9, 356 f
112 Ausg. Huser (1589–91), 406
113 II/7, 201
114 II/7, 111
115 II/5, 208
116 K. Goldammer, Paracelsus – Natur und Offenbarung. Hannover 1953
117 II/5, 67
118 II/5, 232 f
119 II/4, 138
120 II/4, 185
121 II/7, 25
122 II/7, 29
123 II/7, 64 f
124 II/4, 197
125 D. Kerner, Paracelsus. Stuttgart 1965, 140
126 I/9, 392
127 I/10, 209
128 I/9, 552 f
129 I/9, 647, 649
130 I/10, S. VI–XV (Vorwort)
131 I/10, 9
132 I/10, 217
133 I/12, 76
134 I/8, 101
135 I/12, 14 f
136 A. Vogt, Theophrastus als Arzt und Philosoph. Stuttgart 1956, 36, 42 f
137 I/12, 51
138 I/12, 269, 273
139 I/11, 172
140 I/11, 294
141 Kerner, a. a. O., 77 f
142 Sudh. Archiv, 1965, 31 f
143 W. Pagel, Das med. Weltbild d. Paracelsus. Wiesbaden 1962, 29 f

ZEITTAFEL ZU LEBEN UND WERK

Ende 1493/ Anf. 1494	Theophrastus Bombastus (Philippus Aureolus) von Hohenheim, der sich später Paracelsus nennt, zu Einsiedeln im Kanton Schwyz geboren. Der Vater ist ein zugereister Arzt, die Mutter eine Ortsansässige.
1499	Ausbruch des Schwabenkrieges. Die Familie verläßt einige Zeit später die Schweiz.
1502	Übersiedlung nach Villach in Kärnten. Besuch der Klosterschule St. Paul im Lavanttal. Hospitant an der Bergschule, Laborant in nahe gelegenen Metallhütten und Mineralbergwerken.
1509/10	Als reisender Scholar nach Wien, wo er wahrscheinlich das Bakkalaureat erwirbt.
1512	Rückkehr nach Villach. Noch im gleichen Jahr Aufbruch nach Italien, wo er an der Universität von Ferrara das Medizinstudium aufnimmt.
1516	Promotion zum «Doctor beyder arzneyen».
1516/17	Teilnahme am Venedischen Krieg als Feldarzt. Anschließend Wanderung durch Westeuropa.
1519	Teilnahme am Niederländischen Krieg als Feldarzt.
1520	Teilnahme am Dänischen Krieg, ebenfalls wieder als Feldarzt. Anschließend Wanderung durch große Teile Osteuropas.
vor 1522	Wahrscheinlich Abstecher nach Athen und Rhodos.
1524	Heimkehr nach Villach. Bald darauf Reise nach Salzburg, um sich dort als praktizierender Arzt niederzulassen. *Elf Tractat ...* und *Volumen Paramirum ...* Wegen Sympathisierens mit den aufständischen Bauern muß er die Stadt verlassen. Wanderung Donau aufwärts zum Oberrhein. Unterwegs Behandlung des Markgrafen Philipp I. von Baden.
1526	Ankunft in Straßburg. Dezember: Hohenheim erhält das Bürgerrecht.
1527	Erfolgreiche Behandlung des einflußreichen Verlegers J. Froben sowie Konsultation des Erasmus von Rotterdam. Kurz darauf Stadtarzt und «Honorarprofessor» zu Basel. März: Beginn der Vorlesungen. *Herbarius, Das Buch von den natürlichen Dingen, De Mineralibus.* Im Sommer: *De modo pharmacandi, Libri paragraphorum, Aphorismen des Hippokrates, Antimedicus* u. a. Während dieser Zeit zunehmende Streitigkeiten mit der Fakultät und den Kollegen. Anfeindungen und Beschimpfungen seitens seiner Gegner machen eine weitere Tätigkeit in Basel unmöglich.
1528	Flucht aus Basel wegen eines juristischen Konflikts. Reise nach Colmar. Abschluß der *Bertheonea.* Beschäftigung mit der Syphilis sowie mit theologischen Fragen.
1529	Nürnberg. Syphilis-Schriften werden veröffentlicht. *Spitalbuch.* In politisch-astrologischem Schriftwerk taucht zum erstenmal das Schriftstellerpseudonym Paracelsus auf. Weitere Veröffentlichungen werden auf Drängen der Fugger verboten.
1530/31	Über Beratzhausen, Regensburg und Amberg nach Bayern; von dort via Vorarlberg nach St. Gallen.
1531	Unterwegs und in St. Gallen entstehen u. a. die Schriften *Paragranum, Paramirum, Von den unsichtbaren Krankheiten* sowie frühe theologische Ausarbeitungen.

1533	Auf Wanderung im Appenzeller Land als Arzt und Laienprediger.
1534	Innsbruck und Südtirol. *Von der Bergsucht ...* In Sterzing. *Büchlein von der Pest.*
1535	Bad Pfäffers. Balneologische Schriften über die Heilwirkung der Thermalquellen.
1536	Zu Anfang des Jahres in Ulm. Druck der *Großen Wundarznei* und *Prognostication auff XXIIII jar zukünfftig ...*
1536/37	Über München nach Eferding in Oberösterreich. Letzte Fassung der Schrift *Von den Tartarischen Krankheiten.*
1537	Im Frühling nach Mährisch-Kromau zur Behandlung des Erbmarschalls J. von der Leipnik. *Astronomia Magna.* In Preßburg Teilnahme an einem Festmahl, das ihm zu Ehren veranstaltet wird. Ende des Jahres zwei Audienzen bei Ferdinand I. in Wien.
1538	Mai: In Villach, von dort aus weitere Konsultationsreisen. Widmung der *Kärntner Trilogie* an die zu Klagenfurt tagenden Stände.
1540	Aufenthalt in Klagenfurt, wo er sich schon krank und schwach fühlt. Berufung durch den Fürstbischof von Salzburg.
1541	24. September: Tod Hohenheims in Salzburg.

ZEITTAFEL ZUR NATUR- UND GEISTESGESCHICHTE

vor 1400–1468	Johannes Gutenberg. – Er druckte 1453 das erste medizinische Werk.
1401–1464	Nikolaus von Kues. Seine naturphilosophisch-theologischen Anschauungen beeinflußten Paracelsus.
1451–1506	Christoph Kolumbus. – Er unternahm 1492 seine erste Entdekkungsfahrt und landete auf Kuba und Haiti.
1452–1519	Leonardo da Vinci. – Neben seinem künstlerischen Schaffen leistete er wichtige Beiträge zur Entwicklung der Technik sowie zur Anatomie des Menschen.
1465–1536	Desiderius Erasmus von Rotterdam. – Dem führenden deutschen Humanisten begegnete Paracelsus 1527 in Basel.
1469–1524	Vasco da Gama. – Er entdeckte 1498 den Seeweg nach Ostindien.
1469	Drucklegung der berühmten «Naturalis historia» des Plinius.
1473–1543	Nikolaus Kopernikus. – Er ist der Begründer des heliozentrischen Weltbildes.
1477	Ortloff von Bayernland verfaßt das erste deutsche Apothekerbuch.
1483–1546	Martin Luther. – Mit ihm begann das Zeitalter der Reformation.
1483	Drucklegung des «Herbarius». Es ist das älteste gedruckte Kräuterbuch mit Abbildungen.
1486–1535	Agrippa von Nettesheim. – Diesem Arzt, Philosoph und Magier verdankte Paracelsus wesentliche Impulse.
1493	Im Geburtsjahr des Paracelsus erscheint die illustrierte «Weltchronik» von Hartmann Schedel.
1494–1555	Georg Agricola. – Mit seinem Werk «De re metallica» begann eine neue Phase in der Entwicklung der Metallurgie.
1498	In Florenz erscheint das erste Arzneibuch auf gesetzlicher Grundlage (Pharmakopöe).
1501–1566	Leonhard Fuchs. – Mit seinem «New Kreuterbuch», das 1543 erscheint, leistete er einen wesentlichen Beitrag zur neueren Botanik.
1510–1590	Ambroise Paré. – Er war der berühmteste Chirurg seines Jahrhunderts.
1515–1544	Valerius Cordus. – Als einer der ersten versuchte er eine systematische Klassifizierung der Pflanzenwelt und schrieb das erste deutsche Arzneibuch.
1515–1564	Andreas Vesalius. – Er gilt als der Begründer der neuzeitlichen Anatomie.
1546–1616	Andreas Libavius. – Er schrieb das erste chemische Lehrbuch (1597) und setzt sich darin mit Paracelsus auseinander.

ZEUGNISSE

Giordano Bruno

Einem Arzte wie Paracelsus, diesem Wunder ärztlicher Kunst, ist nächst Hippokrates niemand zu vergleichen. Wenn dieser in seiner Trunkenheit [im Sinne von Feuereifer] schon so viel zu sehen vermochte, was hätte er erst leisten können, hätte er die Dinge nüchtern betrachtet? ... Paracelsus ... hat gleichwohl augenscheinlich eine tiefere Kenntnis der Heilkunst und Heilmittel innegehabt als Galenus, Avicenna und alle Doktoren und derselben Anhänger, die sich lateinisch vernehmen lassen.

Venet. 12. 1584

Franz Baco von Verulam

Paracelsus ist kühn und wagt allerlei Meinungen, gleichsam aufs Geratewohl. Seine Dreiheit der Prinzipien ist jedoch kein unnützer Einfall und grenzt zum Teil nahe an die Wirklichkeit der Dinge. Übrigens mischt er oft Göttliches mit Natürlichem, Heiliges mit Gemeinem und Wissenschaftliches mit Träumereien, ja völligem Unsinn. Auch vermehrt er noch das Verdrießliche der Versuche durch allerlei Neuerungen.

Opera omnia. 1622

Christoph Martin Wieland

Paracelsus verdient aus zwo Ursachen einen Platz unter den Worthies des 16ten Jahrhundert: als ein Mann von außerordentlichem Genie, und weil er in der Arzneikunst Epoche gemacht hat. Heutigs Tages mögen freilich fast wenige sein, die ihn durch sich selbst kennen und mit dem Geist, der in seinen Schriften weht, in Gemeinschaft stehen. Aber doch gibt es solche, und sie alle lade ich ein, ihm ein Denkmal im Teutschen Merkur zu errichten, das seiner würdig sei.

«Teutscher Merkur». 1776

Friedrich Baron de La Motte-Fouqué

Vorzüglich beschäftige ich mich mit ... Theophrastus Paracelsus. Mit [seinem] wunderlichen Deutschlatein, oder Lateindeutsch ... hat man allerdings einen harten Kampf zu bestehen, aber die Beute ist reich. Dieser Heros der göttlichen und natürlichen Erkenntnis hält mich so gefesselt, und genügt mir auch so vollkommen, daß ich wenig von den neuesten Erscheinungen der Philosophie vernommen habe.

An August W. Schlegel. 1806

Joseph Görres

Geist hat er, müssen alle gestehen, die ihn studieren ... er ist mein Verteidiger des progressiven Prinzips. Seine Feinde haben ihn als einen groben Phantasten der Nachwelt überantwortet; seine ungeschlachten, bäuerlichen Ausfälle zitieren sie wohl. Aber ihr eigenes ... unversöhnliches Anfeinden ... mit dem Geister ihrer Art zu allen Zeiten den starken Geist verfolgen, der unter sie tritt, und nicht achtet auf ihre kleinen Krautgärten ... davon schweigen sie weislich ... Jetzt erst fängt der Gelästerte an, wieder zu Ehren zu kommen.

Expos. d. Physiologie. 1807

Johann Wolfgang von Goethe

Man ist gegen den Geist und die Talente dieses außerordentlichen Mannes in der neueren Zeit mehr als in einer früheren gerecht.

Farbenlehre. 1810

Justus von Liebig

... Wie ganz anders stellten sich uns die reformatorischen Bestrebungen von Paracelsus dar und sein Einfluß auf seine Zeit; wir verzeihen ihm seine maßlose Eitelkeit, seine Prahlerei und Ruhmsucht, seine niedrige und gemeine Sprache, um des Guten willen, was er schaffte und hinterließ, und wenn er das alte morsche Gebäude Galens und Avicennas zertrümmerte, so wissen wir auch, daß er den Grund zu einem neuen legte, daß mit ihm eine neue Periode der Naturbetrachtung begann, die sich zunächst in der Medicin und Chemie geltend machte. Selbst seine Irrtümer übten mittelbar, noch anderthalb Jahrhunderte nach ihm, einen fördernden Einfluß auf die Naturwissenschaften aus. Seine Lehren erweckten ihm eine Reihe von enthusiastischen Schülern und Anhängern, die nur der gewinnt, dessen Macht und Vermögen groß genug sind, um andere mächtig oder reich zu machen.

Reden und Abhandlungen. 1874

Eugen Diesel

Obwohl Paracelsus sich mit der Chemie und Medizin befaßte, gehörte er doch viel eher den geisteswissenschaftlichen und dichterischen Typen an. Paracelsus sah größere Zusammenhänge. Aber seinem Geiste fehlte die Ruhe, die Zergliederungskraft, der Sinn für das Nacheinander der Forschung, also gerade die Eigenschaften, die am wesentlichsten für den Bau der Wissenschaften geworden sind, so wie wir sie heute sehen. Paracelsus durchwanderte die Welt und hatte den Blick immer auf das Ganze, auf das letzte Ziel, auf die Gesamtheit aller Erscheinungen gerichtet. Er zog in Chemie und Medizin unablässig Erfahrungstatsachen hinein, die vorher unabhängig von den Wissenschaften bestanden hatten, und er langte gleichzeitig nach den letzten und höchsten Dingen. Wenn er mit Erfahrung und Begriffsbildung nicht weiter konnte, griff er unbedenklich zu Bildern und Symbolen und schuf sich eine gewaltige eigene Sprache. Er wollte in jedem Augenblicke seines Lebens seinen Lebensweg und seine Lebensarbeit vorwegnehmen. All das bedingt seine historische und menschliche Größe. All das rückt ihn aber auch weit weg von den Formen, unter denen später die gelehrten und forschenden Geister auftraten.

Das Phänomen der Technik. 1939

Carl Gustav Jung

Neben allem anderen, das Paracelsus auch ist, ist er vielleicht zutiefst ein alchemistischer «Philosoph», dessen religiöse Weltanschauung in einem ihm selbst unbewußten und für uns beinahe unentwirrbaren Gegensatz zum christlichen Denken und Glauben seiner Zeit steht. In dieser Philosophie aber liegen zukunftsträchtige Ansätze zu philosophischen, psychologischen und religiösen Problemen, welche in unserer Epoche anfangen, deutlichere Gestalt anzunehmen ... Er war wie ein gewaltiger Sturmwind, welcher alles auseinanderriß und alles zusammenwirbelte, was sich irgendwie von der Stelle rücken ließ ... So sehen wir Paracelsus als einen Bahnbrecher nicht nur der chemischen Medizin, sondern auch der empirischen Psychologie und der psychologischen Heilkunde ... Er ist eine jener großen Gestalten der Renaissance, welche in ihrer Abgründigkeit auch heute ... uns noch problematisch sind.

Paracelsica. 1941

Sir James Jeans

[Paracelsus] kann mit Recht den Anspruch erheben: der erste wirkliche Chemiker in der gesamten Geschichte der Wissenschaft gewesen zu sein ... Sein Hauptstreben richtete sich auf die Verwendung der Chemie für die Zwecke der Heilkunst ... Damit war der Anfang der modernen Chemie gemacht, die sich von der Alchemie ... zu befreien begann.

Werdegang der exakten Wissenschaften. 1951

Der Zauderer

Ach, wenn er doch wüßte, was er tun soll! Da hat er, er weiß selbst nicht wie, ein paar Hunderter oder Tausender auf der Seite, aus Gewohnheit wahrscheinlich, weil ihm schon zur Taufe ein Sparbuch geschenkt worden war, darauf haben dann Weihnachtsmann und Osterhase eingezahlt, und später hat er, der Zauderer, sich nie entschließen können, Geld abzuheben, so hat er nun also ein paar Hunderter oder Tausender, je nach Laune und Vermögen der Tanten und Großmütter, auf dem Konto, und er weiß nicht recht, was er tun soll. Für Pfandbriefe bekommt er mehr Zinsen, das weiß er, mit Aktien lassen sich Kursgewinne machen, aber es fällt ihm nicht leicht, sich für etwas zu entscheiden. Wie sollte er etwa zwischen 29 deutschen und, o Gott, 464 ausländischen Investmentfonds nicht den falschen wählen? Welcher von 20 verschiedenen Sparplänen ist für ihn der rechte?

Neulich, das weiß er, da waren die Kurse niedrig, die Wertpapiere billig, da war er nach reiflicher Überlegung und schlaflosen Nächten fast nahe daran, sich beinahe endgültig zu der Entscheidung durchzuringen, einen Wertpapierkauf in die nähere Wahl zu ziehen. Schon stand er vor dem Eingang zur Bank, mit neuen Zweifeln, er kann die Verantwortung nicht allein tragen; wenn in den nächsten zehn Minuten kein Hund vorbeikommt, sagt er sich, dann geht er hinein; noch fünf Minuten, noch zwei Minuten, da wurde die Bank geschlossen.

Nun sitzt er zu Hause, rechnet aus, was er verloren hat, weil er damals nicht, und sagt sich, hätt ich doch, wär ich doch, er lebt ständig im Konjunktiv, daß er überhaupt lebt, an ihm liegt's nicht. Wozu soll er überhaupt Wertpapiere ...? Kinder hat er nämlich auch nicht.

BIBLIOGRAPHIE

1. *Bibliographien*

Ferguson, John: Bibliographia Paracelsica. Glasgow 1893

Sudhoff, Karl: Nachweise zur Paracelsus-Literatur. München 1932. 68 S.

Sudhoff, Karl: Bibliographia Paracelsica. Besprechung der unter Hohenheims Namen 1527–1893 erschienenen Druckschriften. Graz 1958. 722 S.

Weimann, Karl H.: Neu entdeckte Paracelsus-Handschriften. In: Sudhoffs Arch. Gesch. Med. 41 (1957), S. 154–159

Weimann, Karl H.: Auswahl-Bibliographie der neueren Paracelsus-Literatur. In: Salzburger Beiträge 3 (1961), S. 11–20

Weimann, Karl H.: Paracelsus-Bibliographie 1932–1960. Wiesbaden 1963. 100 S. [umfassend!]

2. *Werke*

a) Gesamtausgaben

Bücher und Schriften ... Hg. Johann Huser. 10 Bde. Basel 1589–1591

Sämtliche Werke. 1. Abt.: Medizinische, naturwissenschaftliche und philosophische Schriften. Hg. Karl Sudhoff. 14 Bde. Berlin 1922–1933

Sämtliche Werke. 1. Abt.: Medizinische, naturwissenschaftliche und philosophische Schriften. Hg. Karl Sudhoff. Registerband. Einsiedeln 1960

Sämtliche Werke. 2. Abt.: Theologische und religionsphilosophische Schriften. Hg. Kurt Goldammer. Wiesbaden 1955 f [Auf ca. 14 Bde. geplant.]

Sämtliche Werke. Nach der zehnbändigen Huserschen Gesamtausgabe zum erstenmal in neuzeitliches Deutsch übersetzt von Bernhard Aschner. 4 Bde. Jena 1932

Sämtliche Werke, in zeitgemäßer Kürzung. Hg. Josef Strebel. 8 Bde. St. Gallen 1944–1949

b) Auswahlausgaben

Chirurgische Bücher und Schrifften ... Hg. Johann Huser. Straßburg 1618

Four Treatisis ... Hg. Henry E. Sigerist [u. a.]. Baltimore 1941

Von der rechten Heilkunst. Hg. Ludwig Englert. Stuttgart 1939

Himmel und Erde machen den Menschen. Hg. Robert Blaser. Salzburg 1958

Seine Weltenschau in Worten seines Werkes. Hg. Erwin Jaeckle. Zürich 1942

Leben und Lebensweisheit in Selbstzeugnissen. Hg. Karl Bittel. Leipzig 1944

Sozialethische und sozialpolitische Schriften. Hg. Kurt Goldammer. Tübingen 1952

Lebendiges Erbe. Hg. Jolan Jacobi. Zürich 1942

Die Geheimnisse. Ein Lesebuch. Hg. Will E. Peuckert. Leipzig 1941

Ausgewählte Schriften. Hg. Charles Waldemar. München 1959

Vom Licht der Natur und des Geistes. Eine Auswahl. Hg. Kurt Goldammer in Verbindung mit Karl H. Weimann. Stuttgart 1960

Der gefangene Glanz. Hg. Lothar Schreyer. Freiburg i. B. 1948

Pansophische Schriften. Theophrasti Paracelsi Philosophia mystica. Hg. Will E. Peuckert. Berlin 1943

Paracelsus-Briefe. Mitteilungsblätter der Internat. Paracelsus-Gesellschaft. Salzburg 1951 f

Paracelsus-Lexikon. Im Auftrag der Akademie der Wissenschaften und der Literatur zu Mainz hg. von P. DIEPGEN und W. ARTELT
KAYSER, HANS: Schriften Theophrasts von Hohenheim, gen. Paracelsus. Leipzig 1921

c) Einzelne Hauptwerke

Die Kärtner Schriften. Hg. KURT GOLDAMMER. Klagenfurt 1955
Le Prognostic. Prophétie en 32 figures et textes. Paris 1948
«Sieben Defensiones» und «Labyrinthus medicorum errantium». Leipzig 1936
«Volumen Medicinae Paramirum». Hg. und ins Englische übersetzt von KURT F. LEIDECKER. Baltimore 1949 (= Bull. Hist. Med., Supplement 11)
Estratti degli «Archidoxes». In: Gli Occulti. Hg. GIULIO ALLINEY. Mailand 1951
Das «Bader-Büchl». Hg. OTTO STÖBER. Linz 1958
KAYSER, HANS: Theophr. Paracelsus: «Labyrinthus Medicorum . . .». Leipzig 1924
KAYSER, HANS: Paracelsus: «Sieben Defensionen». Leipzig 1927
STRUNZ, FRANZ: Theophrastus Paracelsus: «Das Buch Paragranum». Leipzig 1903
STRUNZ, FRANZ: Theophrastus Paracelsus. «Volumen Paramirum» und «Opus Paramirum». Jena 1904

3. Periodica und Schriftenreihen

Acta Paracelsica. Im Auftrag der Paracelsus-Gesellschaft hg. von ERNST DARMSTAEDTER [u. a.]. München 1932
Nova Acta Paracelsica. Jahrbuch der Schweizerischen Paracelsus-Gesellschaft Einsiedeln. Bd. 1 f. Basel [später Einsiedeln] 1944 f
Paracelsus-Schriftenreihe der Stadt Villach. Hg. Geschichtsverein für Kärnten. Bd. 1 f. Klagenfurt 1953 f
Salzburger Beiträge zur Paracelsus-Forschung. Hg. Internationale Paracelsus-Forschung Salzburg. Bd. 1 f. Salzburg 1960 f
Paracelsus-Dokumentation: Referatblätter zum Leben und Werk. Hg. KARL BITTEL. Stuttgart 1942–1943
SCHUBERT, E., und K. SUDHOFF: Paracelsus-Forschungen. Frankfurt 1887; 1889

4. Kommentare zu einzelnen Werken

NIGST, H.: Die chirurgischen Vorlesungen ... In: Helvetica chirurgica acta (Basel) 16 (1949), S. 157–182
WIEN, ORTRUD: Der Begriff der «Theoria» in den Paracelsischen Büchern «Opus paramirum» und «De causis morborum invisibilium». Freiburg i. B. 1944 [Diss.]
ZITZELSBERGER, FRANZ X.: Krankheitsübertragung bei Paracelsus nach seinem Tractat über die Pest. München 1943 [Diss.]
SUDHOFF, KARL: Theophrast von Hohenheims Syphilis-Schriften. München 1902
SUDHOFF, KARL: Theophrast von Hohenheim «Sieben Defensiones» und «Labyrinthus medicorum errantium». Leipzig 1915
DARMSTAEDTER, ERNST: «De natura rerum». In: Janus 36/1932 und Janus 37/1933
MORO, GOTBERT: Die Kärntner Chronik des Paracelsus. Klagenfurt 1955

RICHTER, PAUL: Über Paracelsus und die tartarischen Krankheiten. Salzburg 1909
ACHELIS, JOHANN D.: Über die Syphilisschriften Theophrasts von Hohenheim. Heidelberg 1939
ACHELIS, JOHANN D.: Paracelsus. Von Krankheit und gesundem Leben. «Volumen Paramirum». Jena 1928
ACHELIS. JOHANN D.: Zur Terminologie des «Labyrinthus medicorum». München 1930
LINCKE, HEINRICH: «Geister der Menschen, die nach dem Tode erscheinen» und «Der Begriff der Imagination», ausgedeutet nach dem 1. Bd. der «Philosophia magna» von Paracelsus. München 1944 [Diss.]
BRUNN, WALTER VON: Betrachtungen über Hohenheims Kommentare zu den Aphorismen des Hippokrates. In: Nova Acta Paracelsica 3 (1946), S. 24–42
WALLNER, BENNO: Über die 9 Bücher des Paracelsus «De natura rerum». München 1943 [Diss.]
KOELSCH, Franz: «Von der Bergsucht» und anderen Bergkrankheiten. Berlin 1925
WIESERMANN, HANS: Beiträge zur Natur- und Krankheitslehre des Paracelsus. Aufgrund der Schriften «Die Bücher von den unsichtbaren Krankheiten», Schriften über «Kometen, Erdbeben, Friedbogen, Himmelszeichen», «Practica teutsch». München 1942 [Diss.]
HEILMANN, ANNEMARIE: Über den Begriff der Ganzheit bei Paracelsus in seinen Büchern «Opus Paragranum», «Opus Paramirum», «De caducis liber I» und «De causis morborum invisibilium». Marburg/Lahn 1944 [Diss.]
WOLFRAM, E.: Die okkulten Ursachen der Krankheiten. Leipzig 1912
MENHARDT, H.: «Archidoxa» des Paracelsus. In: Carinthia (I) 131/1941, S. 449–459
FEIGEL, WALTER: Beiträge zur Wundbehandlung des Paracelsus nach dem II. Buch der «Großen Wundarznei». München 1942 [Diss.]
URBAN, HANS-J.: Von dem Ursprung und Herkommen der Tartarischen Krankheiten. München 1943 [Diss.]
LINDTNER, GOTTFRIED: Die «Drei Bücher der Wundarznei». München 1943 [Diss.]
SCHENK, LEONHARD: Beiträge zum Verständnis des «Opus Paramirum» des Paracelsus. München 1944 [Diss.]
UHL, HANS: Die Berufskrankheiten der Berg- und Metallhütten-Arbeiter bei Paracelsus. München 1942 [Diss.]
SCHINDLER, WALTER: Das Badebüchlein des Paracelsus. In: Archiv für physikalische Therapie, Balneotherapie und Klimatologie 12 (1960), S. 1–13
STREBEL, JOSEF: Prolegomena zum Paracelsischen Buch über die Elementargeister. In: Nova Acta Paracelsica 2 (1945), S. 173–186
STREBEL, JOSEF: Paracelsus, Neuplatonismus und indische Geheimlehren. Einführung in die Paracelsische «Astronomia magna». St. Gallen 1947

5. Lebenszeugnisse

SUDHOFF, KARL: Paracelsus' äußere Erscheinung. In: Deutsche Rundschau 62 (1936), S. 12–16
STEUDEL, JOHANNES: Theophrast von Hohenheims «Wunderliche Weise». In: Med. Monatsschrift 2 (1948), S. 315–320
SCHRÖER, CH.: Germanisch-gotische Wesenszüge in der Paracelsusgestalt. In: Neuphilologische Monatsschrift 6 (1935), S. 351–361

STREBEL, JOSEF: Der Schalk in Paracelsus. In: Schweizer med. Wochenschrift 71 (1941), S. 1137 f
STÖBER, OTTO: Paracelsus. Paracelsus-Studien 2. Bern 1941
STICKER, GEORG: Paracelsus. In: Medizinische Welt 1932

6. Gesamtdarstellungen und Würdigungen

WEINHANDL, FERDINAND: Paracelsus an der Wende zur Neuzeit. Graz 1961 (= Kärntner Hochschulwochen-Berichte. 6)
ALLENDY, RENÉ: Paracelse, le médecin maudit. Paris 1937
ZELLER, WINFRIED: Paracelsus. In: Evangelisches Kirchenlexikon. Hg. Heinz Brunotte [u. a.]. Göttingen 1956 f. Bd. 3/1959. S. 55 f
CURTI, THEODOR: Paracelsus. Ein Trauerspiel. Zürich 1894
SARTORIUS FRHR. VON WALTERSHAUSEN, BODO: Paracelsus am Eingang der deutschen Bildungsgeschichte. Leipzig 1935
DELGADO, HONORIO: Paracelso. Buenos Aires 1947
LEIBBRAND, WERNER: Der göttliche Stab des Äskulap. 3. Aufl. Salzburg 1952
SILLS-FUCHS, MARTHA: Paracelsus und wir. München-Planegg 1941
ARTELT, WALTER: Paracelsus. In: Biographisches Wörterbuch zur dtsch. Gesch. Hg. H. Rössler [u. a.]. München 1952. S. 659 f
MARIOTTI, MAURIZIO: Paracelso, il vagabondo per le vie della terra e per gli spazi del mistero. Cuneo 1955
KOYRÉ, A.: Paracelse. In: Rev. d'hist. de la philos. relig. 13 (1933), S. 46–75, 145–163
MIOTTO, ANTONIO: Paracelso il medico stregone. Rom 1951
TELEPNEF, BASILIO DE: Paracelsus. A genius admist a troubled world. St. Gallen 1945
WACHTELBORN, KARL: Künder der Volksheilkunde. Paracelsus, der deutsche Arzt. Nürnberg 1936
MAASS-LIND, R.: Paracelsus. In: Weltwende 1927
PAGEL, WALTER: Paracelsus. An introduction to philosophical medicine in the era of the Renaissance. New York 1958
GOLDAMMER, KURT: Paracelsus. Natur und Offenbarung. Hannover-Kirchrode 1953
TESTI, GINO: Paracelso e l'interpretazione chimicofisica della vita. Rom 1942
BLASER, ROBERT H.: Theophrast v. Hohenheim, genannt Paracelsus. Hg. CIBA. Lausanne 1959
PEUCKERT, WILL E.: Leben, Künste, Meinungen des viel beschrieenen Theophrastus Paracelsus v. Hohenheim. Jena 1928
PEUCKERT, WILL E.: Theophrastus Paracelsus. Stuttgart 1944
LEJEUNE, F.: Theophrastus v. Hohenheim, gen. Paracelsus. Berlin 1941
HOOG, P. H. VAN DER: Paracelsus. 's Gravenhage 1941
BAUMER, FRANZ: Paracelsus. Murnau/Obb. 1955
GUNDOLF, FRIEDRICH: Paracelsus. Berlin 1928
LESSING, MICHAEL B.: Paracelsus. Nürnberg 1937
BETSCHART, ILDEFONS: Theophrastus Paracelsus. Der Mensch an der Zeitenwende. Einsiedeln 1942
JUNG, CARL G.: Paracelsica. Zwei Vorlesungen über den Arzt und Philosophen Theophrastus Paracelsus. Zürich 1942
ENGLERT, LUDWIG: Paracelsus. Mensch und Arzt. Berlin 1941
KERNER, DIETER: Paracelsus. Leben und Werk. Stuttgart 1965
ZEKERT, OTTO: Die große Wanderung des Paracelsus. Ingelheim 1965

PARTINGTON, J. R.: Paracelsus. In: Nature 148 (1941), S. 332–334
REITZ, ADOLF: Die Welt des Paracelsus. Stuttgart 1937
STÖBER, OTTO: Theophrastus v. Hohenheim, gen. Paracelsus. Luzern 1941 (= Paracelsus-Studien. 1)
FISCHER, HANS: Theophrastus Paracelsus. In: Schweiz. Apotheker-Ztg. 95 (1957), S. 463–478
HARGRAVE, JOHN GORDON: Life and soul of Paracelsus. London 1951
KAISER, HANS: Zum 400. Todestag des großen deutschen Arztes Theophrastus Paracelsus. In: Die Krankenhaus-Apotheke 14 (1941), S. 93–101
MATTHIESSEN, WILHELM: Das Vermächtnis des Paracelsus. In: Zs. Spagyr. 8 (1937), S. 290–294
VEIL, WOLFGANG H.: Paracelsus zum 400. Todestag. Jena 1942
VEIL, WOLFGANG H.: Paracelsus und die naturwissenschaftliche Medizin. Krakau 1944
VEIL, WOLFGANG H.: Theophrastus Paracelsus als Arzt und Philosoph. Stuttgart 1956
STRUNZ, FRANZ: Theophrastus Paracelsus, sein Leben und seine Persönlichkeit. Leipzig 1903
STRUNZ, FRANZ: Theophrastus Paracelsus. Idee und Problem seiner Weltanschauung. Salzburg 1937
POLLITZER, R. M.: Excursion into medical history. Paracelsus iconoclast, Renaissance doctor. In: Journal of the South Carolina Medical Association 43 (1947), S. 65 f
KAHLBAUM, W. A.: Theophrastus Paracelsus. Basel 1894
SUDHOFF, KARL: Paracelsus. Ein deutsches Lebensbild aus den Tagen der Renaissance. Leipzig 1936
STICKER, GEORG: Theophrastus Paracelsus. In: Nova Acta Leopoldina, N.F. 10, Nr. 66 (1941), S. 29–122
CARL, HANS: Paracelsus, der bedeutende Reformator der Medizin. In: Der Naturarzt 73 (1951), S. 97 f
VON PETZINGER: Über das reformatorische Moment in den Anschauungen des Theophrast v. Hohenheim. Greifswald 1898
NETZHAMMER, RAYMUND R.: Theophrastus Paracelsus. Das Wissenswerteste über dessen Leben. Einsiedeln 1901
SPUNDA, FRANZ: Das Weltbild des Paracelsus. Wien 1941
SCHENK, PAUL: Paracelsus redivivus. In: Medizinische Klinik 50 (1906)
STEUDEL, JOHANNES: Theophrast v. Hohenheim, gen. Paracelsus. In: Einf. Gesch. Med. in Einzeldarst. Iserlohn 1948. S. 198–217
BOCHALLI, RICHARD: Paracelsus. In: Cesra-Säule. Wiss. u. therap. Mitt. 6 (1959), S. 100–108
BIEDERMANN, HANS: Paracelsus, ein Wegbereiter der modernen Wissenschaft. In: Universum, Natur und Technik 13 (1958), S. 572–575
BAUMER, FRANZ: Paracelsus. Murnau/Obb. 1955
PÄCHTER, HEINZ: Paracelsus. Das Urbild des Dr. Faustus. Zürich 1955
KOLBENHEYER, ERWIN G.: Paracelsus. Roman-Trilogie. München 1951
PAGEL, WALTER: Paracelsus im Lichte mittelalterlicher Quellen. Festschrift 16. Paracelsustag. Salzburg 1966
KAISER, ERNST: Paracelsus – das Licht der Natur. Veröff. Westd. Rundfunk, Nov. 1964
HARTMANN, REINHOLD J.: Theophrast v. Hohenheim. Berlin 1904
RASSER, E. O.: Wahrheit über Theophrast v. Hohenheim, gen. Paracelsus. In: Unsere Welt 27 (1937), S. 321–331
JÄGER, FRITZ [u. a.]: Theophrastus Paracelsus. Anläßlich der 400. Wiederkehr des Todestages. Salzburg 1941

ACHELIS, JOHAN D.: Zur Grundstruktur der paracelsischen Naturwissenschaft. In: Kyklos, 35. Bd. I/1928
GUIDICE, P. A.: Paracelso. In: Minerva chirurgica 14 (1959), S. 1095 f
STODDART, ANNA M.: The life of Paracelsus. London 1911
LOOS, JOHANN J.: Über Theophrastus Paracelsus. Frankfurt 1805
DAMUR, C.: Paracelsus. In: Neue Schweizer Rundschau, N.F. 9 (1941/42), S. 333–343
FRISCH, ERNST: Theophrastus v. Hohenheim. In: Wien. med. Wochenschrift 87 (1937), S. 1010 f
HESSLING, ELIAS: Theophrastus Redivivus, Illustratus, Coronatus et Defensus etc. Hamburg 1663
HARTMANN, HANS: Paracelsus – eine deutsche Vision. Berlin 1942
KAISER, ERNST: Paracelsus. In: VDI-Nachrichten 16 (1966)
JENNY, EDUARD: Paracelsus, der Arzt. In: Nova Acta Paracelsica 1 (1944), S. 69–81
LIBER, EDUARD: Theophrastus Paracelsus oder der Arzt. Roman. Magdeburg 1842
SPUNDA, FRANZ: Paracelsus. Wien 1926
FRITSCHE, HERBERT: Paracelsus – Urbild deutschen Arzttums. In: Wille und Macht 9/1941, Nr. 18, S. 4–11
KLEMM, J.: Paracelsus der Deutsche. In: Zeitschrift f. Spagyrik 4 (1933), S. 321–362
GOLDAMMER, KURT: Der Universalismus des Paracelsus. In: Salzburger Festschrift 1966
GOLDAMMER, KURT: Paracelsus – Humanismus und Humanisten. Salzburg 1965
GOLDAMMER, KURT: Paracelsus' Methodologie und Erkenntnislehre. In: Med. hist. Journal 1 (1966)
WEIMANN, KARL-HEINZ: Admiratio mundi Europaeque decus. In: Salzburger Festschrift 1966
ZEKERT, OTTO: Paracelsus. Stuttgart 1968

7. Untersuchungen

I. Medizin

a) Allgemeine Medizin

PREU, H. A.: Das System der Medicin des Theophrastus Paracelsus. Berlin 1838
HARTMANN, FRANZ: Die Medizin des Theophrastus Paracelsus ... Leipzig 1898
SUDHOFF, KARL: Über Hohenheims chirurgische Schriften. München 1901
STRUNZ, FRANZ: Theophrastus v. Hohenheim im Lichte der jüngsten Wissenschaft. Wien 1902
GROETHUYSEN, BERNHARD: Die Lehre vom Menschen bei Paracelsus. München 1931
WEIMANN, KARL-HEINZ: Die deutsche medizinische Fachsprache des Paracelsus. Erlangen 1951 [Diss.]
ACHELIS, JOHANN: Der «Labyrinthus medicorum errantium». Klagenfurt 1955 (= Kärtner Schriften. 685)
WEBER, RICHARD: Reformatio medicinae und die Heilkunst des Volkes. In: NAP 8 (1957), S. 102–117

HUSMANN, EDITH: Die vier Säulen der Paracelsischen Medizin. Tübingen 1949 [Diss.]
PAGEL, WALTER: Paracelsus. An introduction to philosophical medicine... Basel 1958
NAMISLO, JOACHIM: Die Durchforschung und Erkenntnis der Natur als Grundlage... bei Paracelsus. Greifswald 1945 [Diss.]
PAGEL, WALTER: Das medizinische Weltbild des Paracelsus... Wiesbaden 1962

b) Physiologie

VERSCH, IDA: Die Gedanken des Paracelsus über die Ontogenese des Menschen... München 1943 [Diss.]
DANTER, HILDEGARD: Der Begriff «Archeus» bei Paracelsus. Salzburg 1959 [Diss.]
OTTO, ERICH: Die Gedanken des Paracelsus über Zeugung und Vererbung. München 1941 [Diss.]
TRIER, OTTO: Paracelsus und die Lehre Galens. Heidelberg 1947 [Diss.]
TESTI, GINO: Paracelso e l'interpretazione chimicofisica della vita. Rom 1942

c) Pathologie

ASCHNER, BERNHARD: Die Krebsbehandlung bei Paracelsus. In: Münch. Med. Wochenschrift 38 (1930)
ACHELIS, JOHANN: Zum Krankheitsbegriff Theophrasts v. Hohenheim. Berlin 1951
HILD, ANTON: Der Krebsbegriff bei Paracelsus. Münster 1938 [Diss.]
BRUNN, WALTER V.: Paracelsus und seine Schwindsuchtslehre. Leipzig 1941
SCHEIDEGGER, E.: Die Pathologie des Paracelsus. In: NAP 3 (1946), S. 49–76
STREBEL, JOSEF: Paracelsus als Begründer der Lehre von den Gewerbekrankheiten und der Gewerbehygiene. In: NAP 5 (1948), S. 86–96
ACHELIS, JOHANN: Das «Tartarus»-Werk Hohenheims. Klagenfurt 1955
BILZ, R.: Die Umweltslehre des Paracelsus. In: Hippokrates 15 (1944), S. 87–92
WIESERMANN, HANS: Beiträge zur Natur- und Krankheitslehre des Paracelsus... München 1942 [Diss.]
DIETRICH, ALBERT: Die Krankheitslehre des Paracelsus, betrachtet aus unserer Zeit. In: Hippokrates 12 (1941), S. 1093–1101
STREBEL, JOSEF: Paracelsus und die Tartarischen Krankheiten. In: NAP 5 (1948), S. 112–120
GLONING, JOSEF: Paracelsus' Lehre von den drei Prinzipien und deren Bedeutung für die Entstehung von Krankheiten. München 1942 [Diss.]
SPANUTH, KRAFFT: Beiträge zur Pathogenese des Paracelsus... München 1942 [Diss.]

d) Psychologie und Psychiatrie

ALLENDY, RENÉ: La psychiatrie de Paracelse. In: NAP 2 (1945), S. 121–128
BETSCHART, ILDEFONS: Paracelsus und die moderne Psychologie. In: NAP 8 (1957), S. 39–43
REISERT, PETER M.: Medizinische Anthropologie und Psychopathologie im Werk von Paracelsus. München 1951 [Diss.]
GALDSTON, IAGO: The psychiatry of Paracelsus. In: Bull. Hist. Med. 24 (1950), S. 205–218

WETTLEY, A.: Psychopathologie und Dämonologie bei Paracelsus. In: Cesra-Säule 7 (1960), S. 17–23
JEGEL, AUGUST: Die Behandlung der Geisteskrankheiten bei Paracelsus. In: Psych.-neurol. Wochenschrift 39 (1937), S. 359–363
JUNG, CARL G.: Psychologie und Alchemie. Zürich 1944
KLAGES, WOLFGANG: Beiträge des Paracelsus zur psychiatrischen Krankheitslehre. In: Confinia psychiatrica 2 (1960), S. 238–252

e) Therapie

SCHNEIDER, WOLFGANG: Grundlagen für Paracelsus' Arzneitherapie. In: Sud. Arch. 49/1965, H. 1
ACHELIS, JOHANN: Paracelsische Therapie. In: NAP 8 (1957), S. 25–32
UEBELEIN, WALTER: De phlebotomie . . . München 1943 [Diss.]
QUINBY, E. M.: Influence of Paracelsus on modern therapy. In: New England Journal of Medicine 1933, S. 162–166
BECKE, A. V. D.: Paracelso y la evolución de la organotherapia. In: Sem. méd. 1941, S. 1302–1307
STREBEL, JOSEF: Zur Geschichte der Narkose. In: NAP 4 (1947), S. 48–54
SCHMEDERER, FRANZ: Die Therapie der Syphilis des Paracelsus. München 1942 [Diss.]
LUDOLF, HIERONYMUS: De Elixirio Proprietatis Paracelsi. Erfurt 1745
ASCHNER, BERNHARD: Die Krebsbehandlung bei Paracelsus. München 1930

II. Anthropologie

FISCHER, HANS: Die kosmologische Anthropologie des Paracelsus als Grundlage seiner Medizin. In: Verhandlungen der Naturforschenden Gesellschaft in Basel 52 (1940/41), S. 267–317
STRUNZ, FRANZ: Paracelsus und die Lehre vom Leben. In: Wissenschaft und Kultur 2/1932, H. 3, S. 62–76
GOLDAMMER, KURT: Paracelsische Eschatologie . . . In: NAP 5 (1948), S. 45–85
OESTERLE, FRIEDRICH: Die Anthropologie des Paracelsus. Tübingen 1937 [Diss.]
METZKE, ERWIN: Paracelsus' Anschauung von der Welt . . . Berlin 1943

III. Chemie und Alchimie

KUERTEN, J. B.: Ein nützlich Bergbuchlin von allen metallen . . . Erfurt 1527
FRANCK, A.: Paracelse et l'alchimie au XVIe siècle. Paris 1853
KOPP, HERMANN: Beiträge zur Geschichte der Chemie. Braunschweig 1875
LASSWITZ, KURD: Paracelsus und die Geschichte der Chemie. In: Die Nation vom 23. 12. 1893
DARMSTAEDTER, ERNST: Paracelsus und die Einführung chemischer Präparate als Heilmittel. Berlin 1930
DARMSTAEDTER, ERNST: Paracelsus, Arznei und Alchemie. München 1930
ACHELIS, JOHANN: Die Überwindung der Alchemie in der Paracelsischen Medizin. Heidelberg 1943
WALDEN, PAUL: Paracelsus und die Entstehung der deutschen Chemie. In: Straßburger Monatshefte 6 (1942), S. 580–588
CARL, HANS: Paracelsus und die Alchimie. In: Dtsch. Ärztebl. 74 (1944), S. 176 f
WALDEN, PAUL: Paracelsus und seine Bedeutung für die Chemie. In: Zs. angew. Chem. 53 (1940), S. 111 f

Palm, Hubert: Alchemie (Iatrochemie) und Chemie bei Paracelsus und im Weltbild der modernen Wissenschaften. Jena 1945 [Diss.]
Dobler, Friedrich: Die chemische Arzneibereitung bei Theophrastus Paracelsus ... In: Pharm. Act. Helvet. 32 (1957), S. 181–193, 226–252
Eichhorn, Hans: Alchemie und Heilkunde bei Paracelsus. München 1944 [Diss.]
Schneider, Wolfgang: Paracelsus und das Antimon. In: Veröff. Internat. Ges. Gesch. Pharm. N.F. 16 (1960), S. 157–166
Ganzenmüller, Wilhelm: Paracelsus und die Alchemie des Mittelalters. In: Zs. angew. Chem. 54 (1941), S. 417–431
Urdang, George: How chemicals entered the official pharmacopoeias. In: Archives internationales d'histoire des sciences 7 (1954), S. 303–314
Helmrich, Hermann E.: Paracelsus und die Spagyrik. In: NAP 6 (1952), S. 19–33
Strunz, Franz: Die Alchemie und das alchemistische Weltbild ... In: Archeion 14 (1932), S. 76–87
Helmrich, Hermann E.: Die Arcana Paracelsi im Blickwinkel der heutigen Zeit. In: NAP 7 (1954), S. 62–73
Strebel, Josef: Paracelsus als Chemiker und Verfasser des ersten deutschsprachigen Lehrbuches der Chemie. In: Praxis 38 (1949), S. 806–814
Hooykaas, Reijer: Paracelsus' Bedeutung für die Chemie. In: Chemisch Weekblad 38 (1941), S. 527–529
Sherlock, T. P.: The chemical work of Paracelsus. In: Ambix 3 (1948), S. 33–63
Multhauf, R.: Medical chemistry and the «Paracelsians». In: Bull. Hist. Med. 28 (1954), S. 101–126
Schneider, Wolfgang: Der Wandel des Arzneischatzes im 17. Jh. und Paracelsus. In: Sudhoffs Arch. Gesch. Med. 45 (1961), S. 1141–1145
Schneider, Wolfgang: Die wichtigsten pharmazeutisch-chemischen Produkte der alchemistischen und voralchemistischen Zeit. In: Arzneimittelforschung 10 (1960), S. 509–513
Schröder, Gerald, und Wolfgang Schneider: Über Ursprung und Entwicklung der Chemiatrie. In: Zur Geschichte der Pharmazie 10 (1958), S. 19–23
Kaiser, Ernst: Die chemischen Arzneimittel des Paracelsus [In Vorbereitung]

IV. Pharmazie

Dierbach: Beiträge zur Kenntniß der Pharmakologie des Theophrastus Paracelsus. Freiburg 1844
Schneider, Wolfgang: Neue Textbelege zu einigen Paracelsusschriften. Salzburg 1966
Dobler, Friedrich: Die Tinctura in der Geschichte der Pharmazie. In: Pharm. Act. Helvet. 33 (1958), S. 765–796
Dörr, W.: Paracelsus und die deutsche Arzneimittellehre. In: Süddtsch. Apoth. Ztg. 81 (1941), S. 431
Nagel, Hermann: Wundsalben, -öle, -pflaster und -pulver bei Paracelsus ... München 1942 [Diss.]
Englert, Ludwig: Arznei und Arzneibereitung bei Paracelsus. In: Die pharm. Industrie 1935, S. 53–59
Helmrich, Hermann E.: Das Herz im Kosmos und die Pharmakologie des Herzens bei Paracelsus. München 1947 [Diss.]
Fischer, Hans: Pharmakotherapie des Paracelsus. In: Verh. schweiz. naturf. Ges. 116 (1935), S. 399

SCHWEISHEIMER, W.: Paracelsus – father of modern pharmacy ... In: Medical Record 154 (1941), S. 35 f
MENHARDT, H.: Archidoxa des Paracelsus. In: Carinthia I, 131 (1941), S. 449–459
SCHNEIDER, WOLFGANG: Die deutschen Pharmakopöen des 16. Jahrhunderts und Paracelsus. In: Pharm. Ztg. 106 (1961), S. 1141–1145
SCHNEIDER, WOLFGANG: «Alkohol» bei Paracelsus. In: Pharm. Ztg. 104 (1959), S. 547–549
NENNINGER, J. E.: Zur Entwicklung des Arzneischatzes im Zeitalter des Paracelsus. In: CIBA 1942, S. 44–51
SCHNEIDER, WOLFGANG: Paracelsus und die Apotheker. In: Veröff. Internat. Ges. Gesch. Pharm., N. S. 10 (1957), S. 48–60
NUDING, HANS: Die von Paracelsus in seinen Baseler Vorlesungen genannten Drogen. München 1943 [Diss.]

V. Botanik

MAUERMANN, FRANZ: Paracelsus und die Kräuterbücher seiner Zeit. In: Festschrift Salzburg 1966
SCHMALTZ, DIETER: Pflanzliche Arzneimittel bei Theophr. v. Hohenheim ... Stuttgart 1941
ASCHNER, BERNHARD: Die Pflanzenheilkunde bei Paracelsus. In: Biolog. Heilkunst 13 (1932), S. 190
RÖSSIGER, ELISABETH: Heilpflanzen bei Theophrastus v. Hohenheim, gen. Paracelsus. München 1943 [Diss.]
JOBST, WALTER: Pflanzliche Heilmittel im Manuale medicum des Paracelsus. München 1943 [Diss.]
RÖMER, G.: Paracelsische Gedanken über das Ernten von Arzneipflanzen. In: Fortschritte der Therapie 13 (1937), S. 291–297

VI. Philosophie und Naturphilosophie

SUDHOFF, KARL: Theophr. v. Hohenheim und die Lehre von den drei Principien. Aachen 1901
SUDHOFF, KARL: Hohenheim und Marsilio Ficino. München 1908
SCHMEISSER, EMIL: Die Medizin des Paracelsus in ihrem Zusammenhange mit seiner Philosophie. Berlin 1869
BLASER, ROBERT H.: Paracelse et la conception de la nature. Genf 1950
BRAUN, LUCIANUS: Paracelsus und die Philosophiegeschichte. Salzburg 1965
SPUNDA, FRANZ: Das Weltbild des Paracelsus. Wien 1941
BRINKMANN, DONALD: Mythos und Logos im Weltbild des Paracelsus. In: NAP 1 (1944), S. 109–134
GOLDAMMER, KURT: Theophrastus Paracelsus als christlicher Sozialethiker. In: Theol. Zs. 1949, S. 339–362
BRUNN, WALTER VON: Zur Elementenlehre des Paracelsus. In: Sudhoffs Arch. Gesch. Med. 34 (1941), S. 35–51
ZIEGENFUSS, WERNER: Philosophen-Lexikon. Bd. 2. Berlin 1950
HEIMSOETH, H.: Paracelsus als Philosoph. In: Dtsch. Vjschr. 19 (1941), S. 369–378
WERLE, FRITZ: Die kosmische Weltanschauung des Paracelsus. In: NAP 4 (1947), S. 12–29
HOOYKAAS, REIJER: Die Elementenlehre des Paracelsus. In: Janus 39 (1935), S. 175–187
WEINHANDL, FERDINAND: Die Philosophie des Paracelsus. Stuttgart 1944

Kern, Hans: Von Paracelsus bis Klages ... Berlin 1942
Vogt, Alfred: Die Weltanschauung eines Arztes. Betrachtungen über die philosophischen Grundlagen ... des Theophrastus ... In: Dtsch. med. Wschr. 64 (1938), S. 1419 f
Medicus, Fritz: Paracelsus in der philosophischen Bewegung seiner und unserer Zeit. In: NAP 1 (1944), S. 45–68
Strebel, Josef: Weltenschau des Paracelsus. In: Paracelsus-Studien. Bern 1941. S. 41–60
Metzke, Erwin: Erfahrung und Natur in der Gedankenwelt des Paracelsus. In: Bl. dtsch. Phil. 13 (1939), S. 74—110
Strebel, Josef: Paracelsus, Neuplatonismus und indische Geheimlehren. Einführung in die Paracelsische Astronomia magna ... St. Gallen 1947
Sievers, Gerda: Die Naturanschauung des Paracelsus. Würzburg 1937
Metzke, Erwin: Mensch, Gestirn und Geschichte bei Paracelsus. In: Bl. dtsch. Phil. 15 (1941), S. 241–306
Peuckert, Will-Erich: Pansophie. Ein Versuch zur Geschichte der weißen und schwarzen Magie. Stuttgart 1936
Pagel, Walter: Paracelsus and the neoplatonic and gnostic tradition. In: Ambix 8 (1960), S. 125–166
Peuckert, Will-Erich: Paracelsus und die Pansophie. In: Bl. dtsch. Phil. 6 (1932), S. 350–365
Pagel, Walter: The prime matter of Paracelsus. In: Ambix 9 (1961), S. 117–135

VII. Astronomie und Astrologie

Jevons, F. R.: Paracelsus' two way astrology. In: Brit. Journal Hist. Science 1964, S. 139 f
Carl, Hans: Paracelsus und die Astrologie. In: Okkulte Stimme 3/1952, H. 19, S. 20–22
Anrich, Elsmarie: Groß göttlich Ordnung. Thomas von Aquin, Paracelsus, Novalis und die Astrologie. Tübingen 1951
Strebel, Josef: Die Paracelsische Astrologie. In: NAP 1 (1944), S. 135–154
Goldammer, Kurt: Die Astrologie im ärztlichen Denken des Paracelsus. In: Hessisches Ärzteblatt 23 (1962), S. 447–458
Pensel, Hans: Paracelsus, die Wissenschaften und Künste seiner natürlichen und göttlichen Astronomie und ihre Beziehungen zur Heilkunde. München 1944 [Diss.]
Jans, Walter: Die Astronomie und ihre Beziehung zur Medizin. München 1944 [Diss.]
Peuckert, Will-Erich: Astrologie. Stuttgart 1960. S. 203 f

VIII. Magie und Parapsychologie

Spunda, Franz: Magische Unterweisungen ... Theophrasti ... Leipzig 1923
Kiesewetter, Carl: Paracelsus über Geist und Geister. Sphinx X 60, 1890
Gruebelius, F. C. J.: De Theophrasto Paracelso, Mago, Astrologo et Chemico Miraculoso. Magdeburg 1745
Carl, Hans: Paracelsus, ein Weißmagier des 16. Jahrhunderts. In: Okkulte Stimme 2/1951, H. 12/13, S. 8–11
Wind, Edgar: Pagan mysteries in the Renaissance. London 1958
Carl, Hans: Paracelsus und die Magie. In: Okkulte Stimme 5/1954, H. 6, S. 19 f
Weiser-Aall, Lily: Paracelsus. In: Handwörterbuch des dtsch. Aberglaubens. Bd. 9, Tl. 2. Leipzig 1927 f

WEBER, RICHARD: Zauberer Paracelsus. In: Festschrift für W. E. Peuckert. Berlin 1955. S. 128–136
WEBER, RICHARD: Studien zur Paracelsischen Philosophia adepta. In: NAP 7 (1954), S. 197–208
DALMASES, V.: La magia de Paracelso y su epoca. In: Revista de la Asociación médica argentina 57 (1943), S. 559–561
WEBER, RICHARD: Philosophia adepta. Eine Untersuchung der frühen Schriften Theophrasts ... Göttingen 1953 [Diss.]
DEININGER, HANNS: Der unheimliche Magier Paracelsus. Kiel 1955
THORNDIKE, LYNN: A history of magic and experimental science. New York 1923 f
FREI, GEBHARD: Parapsychologisches bei Paracelsus. In: NAP 7 (1954), S. 121–131
TEN HOOR, M.: Paracelsus and the philosopher's stone. In: American Journal of Surgery 30 (1935), S. 563–572
FREI, GEBHARD: Das Weltbild des Paracelsus in parapsychologischer Sicht. In: Metaphysik 2 (1959), S. 138–148
STREBEL, JOSEF: Paracelsus und die Rosenkreuzer. In: NAP 3 (1946), S. 110–132
KLEMM, J.: Magie und Theosophie des Paracelsus. In: Die Säule 17 (1936), S. 132–140
PEUCKERT, WILL-ERICH: Adepta philosophia und Paracelsus. In: Neue Rundschau 52 (1941), S. 510–518
KLEMM, J.: Paracelsus und die biblische Magie. In: Die Säule 18 (1937), S. 164–171
LINCKE, HEINRICH: «Geister der Menschen ...» und «Der Begriff der Imagination» bei Paracelsus. München 1944 [Diss.]
STREBEL, JOSEF: Über Wesen und Zweck der sogenannten niederen Magie im Sinne von Paracelsus. In: NAP 3 (1946), S. 43–46
PEUCKERT, WILL-ERICH: Paracelsische Zauberei. In: NAP 8 (1957), S. 71–94
SELIGMANN, KURT: Mirror of Magic. New York 1948 – Dt.: Das Weltreich der Magie. Stuttgart 1958

IX. Theologie

HARTMANN, FRANZ: Die Medizin des Theophrastus Paracelsus vom theosophischen Standpunkt betrachtet. Leipzig o. J.
MATTHIESSEN, WILHELM: Die Form des religiösen Verhaltens bei Theophrast von Hohenheim. Düsseldorf 1917
WOLFRAM, E.: Der esoterische Christ Paracelsus. Leipzig 1920
MATTHIESSEN, WILHELM: Theophrast v. Hohenheim ... Sämtliche Werke II. Abt. Bd. 1. München 1923
PREU, H. A.: Die Theologie des Theophrastus Paracelsus von Hohenheim in Auszügen. Berlin 1839
BETSCHAFT, ILDEFONS: Theophrastus Paracelsus in religiöser Schau. In: Natur und Geist (1946), S. 56–66
GOLDAMMER, KURT: Paracelsus – Arzt, Philosoph und Theologe. In: Ärztliche Mitteilungen 46 (1961), S. 1495–1505
Paracelsus. Vom Licht der Natur und des Geistes. Eine Auswahl. Stuttgart 1960
GOLDAMMER, KURT: Paracelsus. Natur und Offenbarung. Hannover-Kirchrode 1953 (= Heilkunde und Geisteswelt)
TÖRÖK, STEPHAN: Die Religionsphilosophie des Paracelsus ... Wien 1946 [Diss.]

Urner, Hans: Paracelsus als Christ. In: Evangel. Theologie, N. F. 3/1948/49, H. 8, S. 289–307
Bunners, Michael: Die Abendmahlsschriften und das medizinische Werk des Paracelsus. Berlin 1962 [Diss.]
Goldammer, Kurt: Kirche, Amt und Mission bei Paracelsus. In: Evangel. Missionszeitschrift 4 (1943), S. 42–71
Goldammer, Kurt: Friedensidee und Toleranzgedanke bei Paracelsus. In: Paracelsus-Schriftenreihe Villach 3, Klagenfurt 1954, S. 42–66
Goldammer, Kurt: Aufgaben der theologischen Paracelsus-Forschung. In: Theologische Literaturzeitung 81 (1956), S. 359–362

X. Soziologie

Bittel, Karl: Ein Sozialprogramm bei Paracelsus. In: NAP 3 (1946), S. 77–85
Goldammer, Kurt: Theophrastus Paracelsus als christlicher Sozialethiker. In: Theol. Zs. 5 (1949), S. 339–362
Weimann, Karl-Heinz: Paracelsus und der Baseler Thomas-Morus-Kreis. Salzburg 1961
Goldammer, Kurt: Paracelsus und die soziale Frage. In: Paracelsus-Schriftenreihe Villach 3, Klagenfurt 1954, S. 67–90
Paracelsus. Sozialethische und sozialpolitische Schriften. Hg. von Kurt Goldammer. Tübingen 1952

8. Wirkungsgeschichte

Milt, Bernhard: Conrad Gesner und Paracelsus. In: Schweizer med. Wochenschrift 1929
Sudhoff, Karl: Ein Beitrag zur Bibliographie der Paracelsisten im 16. Jahrhundert. In: Centralblatt f. Bibliothekswesen 1893
Bartscherer, Agnes: Paracelsus, Paracelsisten und Goethes Faust. Dortmund 1911
Laboulbène: Paracelse et van Helmont. Paris 1886
Erastus, Thomas: Disputationum de nova Phil. Paracelsi medicina. Basel 1573
Scheunemann, Henning: Medicina reformata ... Frankfurt 1617
Domandl, Sepp: Paracelsus und Goethe. In: Salzburger Festschrift 1966
Eis, Gerhard: Vor und nach Paracelsus. Stuttgart 1965
Kaiser, Ernst: Geschichte des Experiments. In: VDI-Nachrichten 34 (1966)
Artelt, Walter: Paracelsus im Urteil der Medizinhistorik. In: Fortschr. Med. 50 (1932), S. 929–933
Greil, Alfred: Paracelsus redivivus. In: NAP 1 (1944), S. 159–168
Haberlandt, Herbert: Paracelsus im Lichte moderner naturwissenschaftlicher Forschung. In: NAP 7 (1954), S. 192–195
Artelt, Walter: Wandlungen des Paracelsusbildes in der Medizingeschichte. In: NAP 8 (1957), S. 33–38
Genequand, B.: Pasteur et Paracelse. In: NAP 7 (1954), S. 210 f
Herbertz, Richard: Paracelsus bei Schopenhauer. In: NAP 3 (1946), S. 86–94
Diepgen, Paul: Paracelsus und unsere Zeit. In: Fortschr. Med. 55 (1937), S. 204 f
Gerecke, Theodor: Paracelsus im Urteil der vergangenen Jahrhunderte und seine Würdigung in der Neuzeit. Freiburg i. B. 1945 [Diss.]

ROPPER, IGO: Paracelsus als geschichtliches Problem. Frankfurt a. M. 1949 [Diss.]
RIDDELL, W. R.: Influence of Paracelsus in theory and practice of medicine. In: Canadian Journal of Medicine and Surgery 79 (1936), S. 168–171
CARL, HANS: Paracelsus im Urteil Liebigs. In: Drogisten-Fachblatt 22 (1951), S. 3 f
FREERKSEN, ENNO: Paracelsus und Vesal als Überwinder der scholastischen und Begründer der gegenwärtigen Naturwissenschaft und Medizin. In: Kieler Blätter 1942, S. 27–44
SIGERIST, HENRY E.: Paracelsus in the light of four hundred years. In: The March of Medicine 1941, S. 28–51
GRAY, RONALD D.: Goethe, the alchemist. Cambridge 1952
DARMSTAEDTER, ERNST: Paracelsus. Seine Bedeutung für die Zeit. In: Natur und Kultur 30 (1933), S. 442–444
KERN, HANS: Paracelsus – Goethe – Schelling. In: Fortschr. Med. 55 (1937), S. 202–204
ZEKERT, OTTO: Paracelsus in der Zeit. Salzburg 1960
OOSTERHUIS, R. A. B.: Paracelsus als hervormer der geneeskunde en als synthetisch denker. Den Haag 1941
STEUDEL, JOHANNES: Paracelsisches Gut bei Goethe. In: NAP 8 (1957), S. 95–101
PÄCHTER, HEINZ: Paracelsus, das Urbild des Dr. Faustus. Zürich 1955
PAGEL, WALTER: J. B. v. Helmont's reformation of the Galenic doctrine of digestion – and Paracelsus. In: Bull. Hist. Med. 29 (1955), S. 563–568
DIEPGEN, PAUL: Paracelsus und seine Stellung in der historischen Entwicklung der Medizin. In: Med. Klinik 38 (1942), S. 1126
JACCARD, RENÉ: Situation de Paracelse dans le temps. In: NAP 5 (1948), S. 18–26
SUDHOFF, KARL: Paracelsus und Goethe. In: Med. Welt 6 (1932), S. 1409–1412

NAMENREGISTER

Die kursiv gesetzten Zahlen bezeichnen die Abbildungen

QUELLENNACHWEIS DER ABBILDUNGEN

Sammlung Wolfgang Schneider, Pharm.-gesch. Sem. (TH), Braunschweig: 6, 28, 38, 58, 60, 64, 65, 80, 102, 106, 121, 125, 128, 131 / Ehemal. Staatl. Museen, Berlin: 12 / Albertina, Wien: 13, 49, 127, 129 / Deposition die Gemende Soderforst, Stockholm: 20 / Österreichische Nationalbibliothek, Wien: 26, 45, 53, 74/75, 81, 86/87, 100, 110/111, 114, 123 / Sammlung Ernst Kaiser: 29, 41, 50, 55, 56, 67, 68, 98, 101, 105, 108, 113, 116, 118, 122, 133 / S. Maria Novella, Florenz: 31 / Königl. Bibliothek, Windsor: 33 / Stadtmuseum Salzburg: 37, 76 / Zeichnungen R. Philipps, Eschweiler-Aachen: 40, 44 / Salzburger Studien-Bibliothek, Salzburg: 42/43, 78/79, 112 / Vatikan, Rom: 57 / Kupferstich-Kabinett, Berlin: 59 / Uffizien, Florenz: 63 / Bibliothèque de Genève: 71 / Palazzo Vecchio, Florenz: 73 / Louvre, Paris: 83 / Staatsarchiv, Basel, Stadt: 92 / Ospedale del Ceppo, Pistoia: 94 / Aus: Will-Erich Peuckert, «Paracelsus – Die Geheimnisse» (1941): 96/97 / Stiftsarchiv, St. Gallen: 126